設計&時尚同行！

手作65個超實用

百搭波奇包

一次收錄基本形、多用途、口金支架、

束口袋、簡易拉鍊款製作大公開！

Contents

基本款波奇包製作

開始縫製之前，事先了解波奇包的基本作法，
就能順暢地進行作業。

○關於布料

對於本書作品使用的布料，進行部分介紹。請於製作波奇包時試著參考。

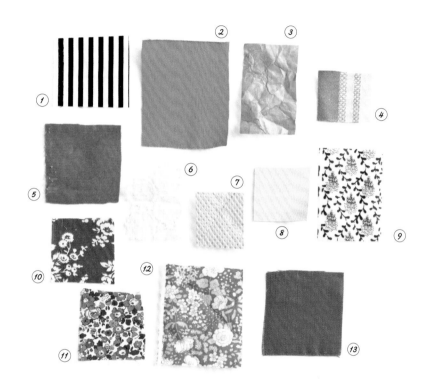

1. **密織平紋布**…平織的普通布料。手感柔軟，有光澤的棉布素材布料。

2. **帆布**…以較粗的織線緊密編織而成的堅固布料，以棉或麻的質料製成。號碼越小代表越厚，因此以家用縫紉機車縫時，推薦11號左右的帆布。

3. **Tyvek®聚乙烯纖維墊**…像紙一樣的質感但不容易破，非常輕巧的素材。也常被用於防塵服或農業用。

4. **室內裝飾布料**…窗簾等室內裝飾時所使用的較厚布料。

5. **棉絨**…表面有像羽絨立毛質感。有毛流的方向，裁剪時務必確認上下的方向是否正確。

6. **蕾絲布**…薄質料施予刺繡而成的布料。放於下層的布會透明看得到，所以與其他布料重疊使用。

7. **保溫保冷墊**…中間有夾一層薄鋁箔墊與鋪棉的四層構造布料。

8. **合成皮革（合皮）**…織線的材質等基底布上塗有合成樹脂，使它類似皮革質感的布料。

9. **防水布**…布材表面有一層防水加工的布料。對於防水非常優越。

10. **牛津布**…恰到好處厚薄的棉布，男生的襯衫等常常會被使用到。

11. **聚酯纖維**…處理成像絹布一樣柔軟有彈性又富有光澤，是具有質感的輕薄布材。倫敦百年貴族百貨的（Liberty PRINT）英式碎花布料享有盛名。

12. **鋪棉壓線布**…2片布之間夾車鋪棉的布料。重量輕且防撞性優異。

13. **麻**…以亞麻的纖維為原料織成的布材。富有強度，特色是柔軟強韌，具有吸水性、速乾性也非常優異。

> **關於本書的符號記載**
> ●本書作法沒有特別指定說明時，數字的單位為cm。
> ●材料的用量尺寸為（橫×長度）的順序記載。
> ●口金的尺寸為（橫×高度）的順序記載。尺寸的後面為品牌名與型號的記載。
> ●花色有方向性的布材，或者需要對齊花色的情況時，會有改變用尺的情況，請特別注意。

※デュポン™Tyvek®聚乙烯纖維是美國デュポン®公司的商標或註冊商標。

○關於工具

波奇包製作時請事先準備基本的工具。

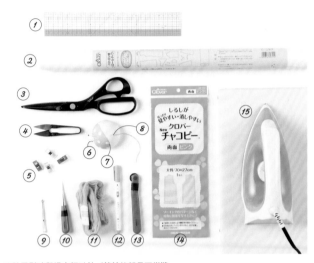

※除了熨斗與燙衣板以外／其餘的都是可樂牌。

① **方格尺**…30cm左右的長度,尺上若畫有方格線則較為方便使用。

② **白報紙**…描繪紙型時所使用的薄紙。

③ **布用剪刀**…剪布時所使用的剪刀。若剪布料以外的物品,會傷害刀刃影響鋒利度,請特別注意。

④ **紗剪**…剪線頭時所使用的手握式剪刀。

⑤ **強力固定夾**…推薦使用於尼龍防水布等會留下針孔的布料。

⑥ **珠針**…為了固定2片以上的布料時使用。

⑦ **針插**…針不用時,插放在針插上保存時使用。

⑧ **手縫針**…於縫合封閉返口的開口處時使用。

⑨ **穿繩器**…讓繩子容易穿過孔洞時所使用的工具。

⑩ **錐子**…整理邊角的形狀,或操作細工作業時非常便利。

⑪ **疏縫線**…為了使縫合不移位,真正縫合前的疏縫作業所使用的線。

⑫ **粉土筆**…於布料上描繪記號時使用。

⑬ **滾輪筆**…與布用複寫紙成一組使用,描繪記號的用具。

⑭ **布用複寫紙**…將布用複寫紙夾於布料之間,從上面以滾輪筆壓印作記號。

⑮ **燙衣板&熨斗**…燙摺縫份或燙平皺褶,為了使作品更漂亮是不可欠缺的工具。

○紙型的使用方法

描繪附錄的原寸紙型,作出想作的波奇包吧!

《描繪原寸紙型》

①想要描繪的紙型角落,先以記號筆等作上記號。

②將白報紙重疊於上面,外側的縫份線與內側的完成線、合印線等描繪下來。因為紙型已經含有縫份,所以不必再加上縫份。

《沒有紙型的部件》

長方形的部件,只須畫直線就可以完成的部分,則不附上原寸紙型,請直接畫線於布材上裁剪即可。

《作記號》

布用複寫紙

背面相對疊合的布材之間夾以布用複寫紙,從紙型上以滾輪筆壓印記號。滾輪筆請使用前端是波浪狀的。

粉土筆

①紙型的完成線上以錐子穿洞,重疊於布材上作記號。

②點與點連接,描繪出完成線。

○關於布襯的說明

用於補強、預防型體變形，請於指定的布材內側貼上布襯。

《布襯的種類》

織布型	不織布型	接著鋪棉
以織布為基底布，再附著上接著劑。因其有布紋方向性，故將欲貼上的布材與布紋方向核對後貼合。極為容易與布料相融合，所以呈現較柔軟的觸感。	纖維呈現各方向交錯糾結而成的基底布，再附著上接著劑。大部分的材質，任何方向裁剪都可以，呈現較硬挺的觸感。	將薄鋪棉拉長，再附著上接著劑。呈現蓬鬆的觸感。

直接在有花色的布料背面附著上接著劑，也有這種內襯布料。

《黏貼方法》

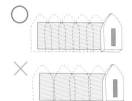

在貼布襯時，務必之間不可有空隙，以熨斗重疊壓燙。以熨斗壓燙時，使布材滑動會產生皺褶，請多加注意。

○關於拉鍊的說明

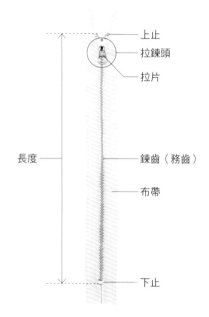

- 上止
- 拉鍊頭
- 拉片
- 長度
- 鍊齒（務齒）
- 布帶
- 下止

《用於波奇包所推薦的拉鍊》

FLATKNIT® 平織拉鍊	ビスロン® 尼龍拉鍊	金屬拉鍊
鍊齒是樹脂製的拉鍊。布帶為編織而成的布材，輕薄柔軟是它的特色。	拉鍊特色為樹脂製的大鍊齒。因為是樹脂製的，所以比相同大小的金屬拉鍊要為輕量。	鍊齒為金屬製的拉鍊。鍊齒與拉鍊頭的顏色有金色、銀色、古銅金等色系。

這裡也要注意

拉鍊頭的方向為相對的雙頭拉鍊。

可開式拉鍊為左右可以分離型的拉鍊。

《長度的調整方法》

ビスロン®尼龍拉鍊、金屬拉鍊的調整方法

①以老虎鉗或鉗子將上止取下，至須要的長度為止，剪掉多餘的拉鍊齒。

②將上止夾回布帶上，注意與拉鍊齒之間不要有空隙，再以鉗子壓住固定。
※ビスロン®尼龍拉鍊調整時，因為上止無法再利用，所以請另外準備可以代替上止的物品。

FLATKNIT®平織拉鍊的調整方法

因為是柔軟的樹脂製，所以只須注意剪齊，在必要的長度地方將多餘的剪掉即可。

※平織拉鍊（FLATKNIT®）、ビスロン®尼龍拉鍊是YKK公司所登錄註冊的商標。

Part 1 基本款波奇包LESSON

基礎的拉鍊款波奇包,為您介紹基本形、口金框的基礎波奇包,
以圖解的方式加以詳細說明。
示範各式波奇包都能適用的縫製方法,
初學者就先從這裡開始學習吧!

1

多款基本形波奇包
扁平拉鍊波奇包

「完整的裝上拉鍊」是製作波奇包最重要的重點。此處
若製作正確,各種不同尺寸的波奇包也都能順利的製作
完成。

How to make P.8
design & make:komihinata 杉野未央子

2

3

 **1·2·3　扁平拉鍊波奇包**

 1

- 棉布（北歐圖案）…19.4×29.4cm
- 棉布（格子圖案）…25×29.4cm
- 布襯…25×30cm
- 長20cm的FLATKNIT®平織拉鍊…1條

 2

- 棉布（點點圖案）…12.4×19.4cm
- 棉布（直紋圖案）…18×17.4cm
- 布襯…18×18cm
- 長20cm的FLATKNIT®平織拉鍊…1條

3

- 棉布（幾何圖案）…15.4×23.4cm
- 棉布（直紋圖案）…21×23.4cm
- 布襯…20×24cm
- 長20cm的FLATKNIT®平織拉鍊…1條

材料

完成尺寸

橫18×直14cm

橫11×直8cm

橫14×直11cm

裁布圖

 1

棉布（北歐圖案）　　棉布（格子圖案）

※除了指定縫份以外，請預留0.7cm
※ 是背面貼布襯

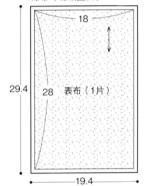

表布（1片）
18
29.4　28
19.4

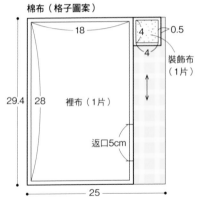

裡布（1片）
18
29.4　28
返口5cm
裝飾布（1片）
4
0.5
4
25

 2

棉布（點點圖案）　　棉布（直紋圖案）

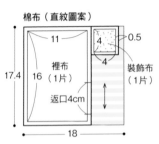

表布（1片）
11
17.4　16
12.4

裡布（1片）
11
17.4　16
返口4cm
裝飾布（1片）
4
0.5
4
18

3

棉布（幾何圖案）　　棉布（直紋圖案）

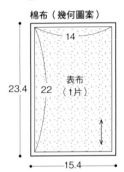

表布（1片）
14
23.4　22
15.4

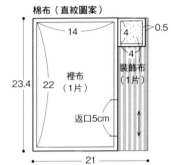

裡布（1片）
14
23.4　22
返口5cm
裝飾布（1片）
4
0.5
4
21

Lesson

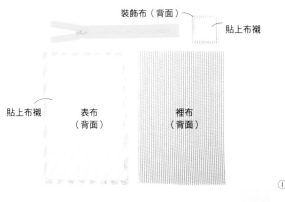

①準備材料，表布與裝飾布的背面
貼上布襯。

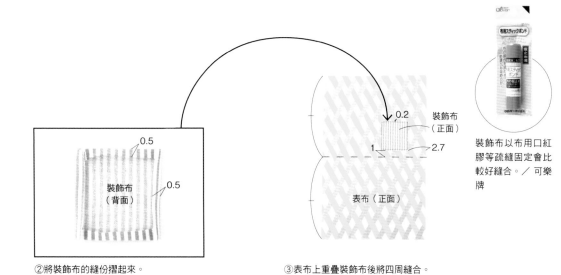

②將裝飾布的縫份摺起來。

③表布上重疊裝飾布後將四周縫合。

裝飾布以布用口紅
膠等疏縫固定會比
較好縫合。／可樂
牌

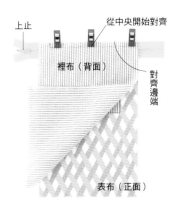

④表布與拉鍊正面相對疊合後，重疊上裡布以強力夾固定。拉鍊從
中央開始對齊。

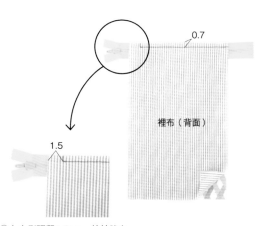

⑤上止側預留1.5cm，其餘縫合。

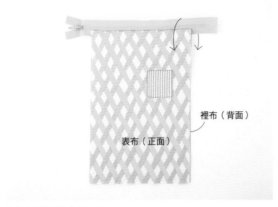

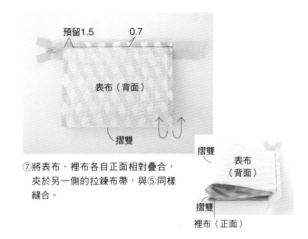

⑦將表布、裡布各自正面相對疊合，夾於另一側的拉鍊布帶，與⑤同樣縫合。

⑥將表布與裡布翻回正面。

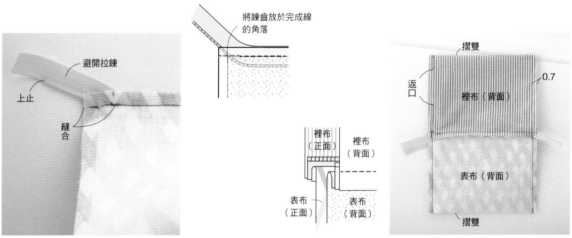

⑧將拉鍊向外錯開縫合。此時將拉鍊的錬齒放於完成線角落稍微內側處，便可以完成漂亮的角度。

⑨將拉鍊預先拉開至中央處。將袋口的縫份倒向表布側，整理整齊如同圖中的形狀，並且縫合脇邊。其中一邊的脇邊預留返口。

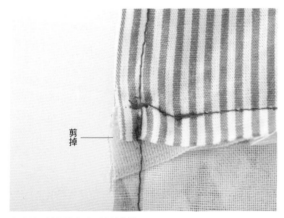

⑩多餘的拉鍊對齊縫份邊端剪掉。

⑪從返口開始翻回正面。

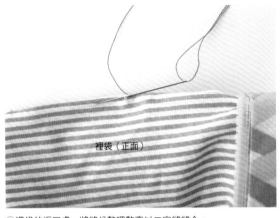

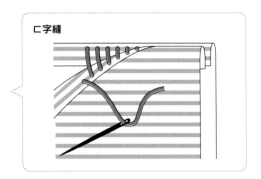

ㄷ字縫

裡袋（正面）

⑫裡袋的返口處，將縫份整理整齊以ㄷ字縫縫合。

⑬將裡袋裝入表袋中，形狀整理整齊。
　角落使用錐子可以整理漂亮。

使用金屬與尼龍拉鍊的時候

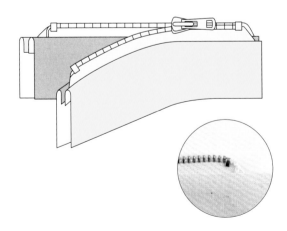

〈關於長度〉
因為金屬與尼龍拉鍊等鍊齒較大，請事先配合袋口的尺寸調整好長度後使用。拉鍊的長度為比袋口的長度略短0.5cm左右，如此縫合脇邊時會較好車縫。

〈關於拉鍊的邊端〉
為了使拉鍊邊端的布帶不要露出來，摺疊成三角形。

〈縫合時的技巧〉
當鍊齒碰到一般壓布腳不好操作時，將壓布腳換成單邊壓布腳會較容易縫合。

加上側身後，有厚度的物品變得更加容易放入。
在此介紹抓褶縫合的「抓出側身」與摺起來縫合的「摺疊側身」兩種樣式。

How to make P.14
design & make：dekobo工房 くぼでらようこ

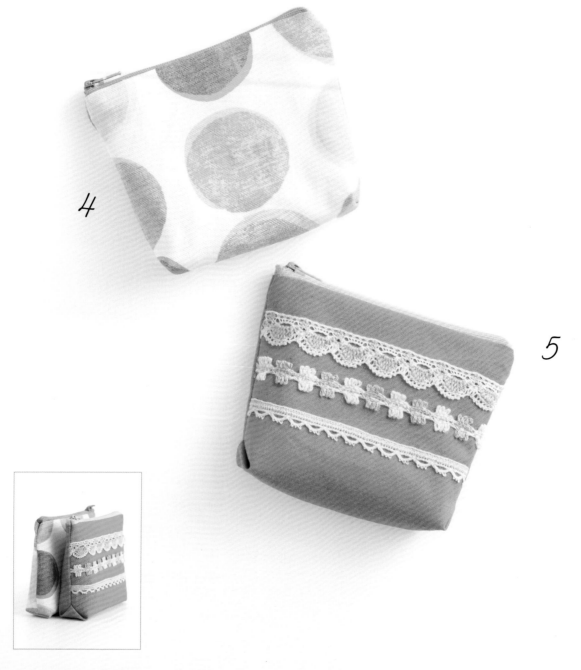

4

5

6

只改變了使用布材的長度
拉鍊筆袋

基本作法與P.12的波奇包相同。底部的表布只是疊上牛皮而已,即可補強、髒污也可以擦拭。

How to make P.14
design & make:dekobo工房 くぼでらようこ

④
- 棉布（點點圖案）… 16×26cm
- 亞麻（花的圖案）… 16×26cm
- 寬1.6cm的棉織帶 … 6cm
- 直徑1.5cm的雙圈鐵環 … 1個
- 長20cm的FLATKNIT® 平織拉鍊 … 1條

⑤
- 棉布（粉紅色）… 16×26cm
- 亞麻（原色）… 16×26cm
- 蕾絲3種 … 各16cm
- 寬1.5cm的民族風織帶 … 6cm
- 直徑1.5cm的雙圈鐵環 … 1個
- 長20cm的FLATKNIT® 平織拉鍊 … 1條

⑥
- 11號帆布（深藍色）… 23×19cm
- 亞麻（水藍色）… 23×21cm
- 合成皮 … 23×3.5cm
- 接著鋪棉 … 23×21cm
- 寬1.5cm的人字織帶 … 5cm
- 長20cm的金屬拉鍊 … 1條
- OLYMPUS25號繡線（512、820）… 適量

材料

完成尺寸

橫11×直10.5×側身3cm　　　　　橫19×直6.5×側身4cm

裁布圖

棉布（點點圖案）
- 24
- 表布（1片）
- 16　14
- 26

亞麻（花的圖案）
- 24
- 裡布（1片）
- 16　14
- 2　7cm返口
- 26

※加1cm縫份

棉布（粉紅色）
- 24
- 表布（1片）
- 16
- 2　2　2
- 1.5　1.5
- 蕾絲縫合位置
- 26

亞麻（原色）
- 24
- 裡布（1片）
- 16　14
- 2　7cm返口
- 26

※加1cm縫份

11號帆布（深藍色）
- 刺繡　5
- 表布（1片）
- 19　17
- 23

亞麻（水藍色）
- 21
- 裡布（2片）
- 21　8.5
- 10cm返口
- 摺雙
- 23

合成皮　底布（1片）　原寸裁剪
- 3.5　21
- 23

※除了指定縫份之外，請預留0.7cm
※　　　是背面貼布襯

④ Lesson

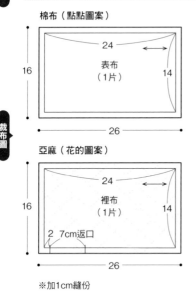

①將表布與拉鍊正面相對疊合，以疏縫固定。從拉鍊的上止開始對齊，多餘的部分剪掉。

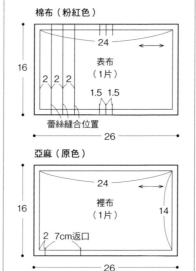

②表布與裡布正面相對疊合並且縫合。表布與裡布從車縫處翻摺回正面。

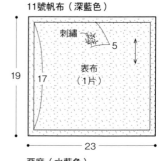

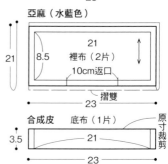

③將表布正面相對對摺，重疊於拉鍊相反側的布帶上，以疏縫固定。

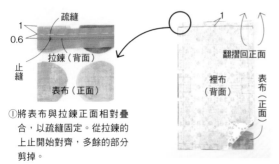

④將棉織帶穿過雙圈鐵環，於裡布上疏縫固定。

⑤將裡布正面相對疊合並且縫合。

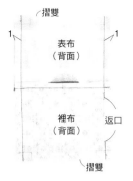
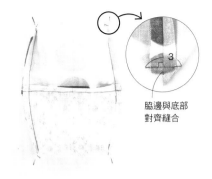

⑥將縫份向表布側傾倒後，表布與裡布各別正面相對疊合。裡布其中一面側身預留返口後縫合。此時請預先將拉鍊拉開至中央處。

⑦燙開縫份，脇邊的車縫線與底部對齊縫合側身。脇邊的車縫線與底部若能精準的以直角縫合，完成的作品將會更漂亮。

⑧從返口處翻回正面，縫合返口。將形狀整理整齊完成。

 Point Lesson　※除了表布的側身縫合方法之外，其餘作法與 ④ 的Lesson作法相同。

〈表布的側身〉

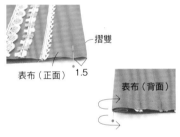
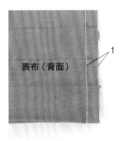

作法 ④ -②步驟之後，表布背面相對對摺，側身的印記位置以珠針固定。於珠針的位置處將表布翻摺成為正面相對疊合。

與作法 ④ -⑥同樣的將側身縫合完成。

完成側身有三角形摺痕的脇邊。

 Point Lesson　※除了表布與裡布的準備、標籤的縫法、側身的縫法之外皆與 ④ 的Lesson作法相同。
　　　　　　　　　　　※刺繡圖案請見原寸紙型。

〈底布〉

於作法 ④ -①步驟之前先將底布縫合。使用皮革專用「菱形孔打洞器」先等距離預先打好孔洞，接下來的縫合作業會較為簡單，完成手縫優美的直線繡。

〈返口〉

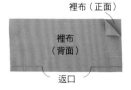

於作法 ④ -①步驟之前先將裡布正面相對疊合，底部預留返口後縫合。以熨斗燙開縫份。

〈標籤〉

於作法 ④ -④步驟縫合標籤時，將人字織帶對摺後縫合於表布。

〈側身〉

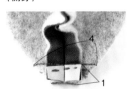

與作法 ④ -⑦的步驟相同側身縫合完成後，預留縫份，其餘剪掉。

15

7

「喀嚓」就能輕易打開
金屬支架口金多功能波奇包

波奇包的袋口固定了金屬支架，所以可以大弧度的打開開
口，並且將內容物看得一清二楚。縫合的地方全部為直線，
簡單的程度令人大感意外。

How to make P.18
design & make：dekobo工房 くぼでらようこ

需要的東西更容易取出
金屬支架口金
化妝波奇包&筆袋

將金屬支架口金波奇包,袋身的高度稍加變化,當成化
妝波奇包或當筆袋使用也非常適合。露出長長拉鍊的兩
端是精心設計,所以以布材或皮革包捲處理。

How to make P.18
design & make:dekobo工房 くぼでらようこ

8

9

⑦	⑧	⑨
·棉麻布料（直條紋）… 30×40cm ·亞麻（茶色）… 65×20cm ·布襯 … 30×40cm ·寬0.5cm綁繩 … 30cm ·長30cm的FLATKNIT®平織拉鍊 … 1條 ·金屬支架口金（寬15×高5cm）… 1組 ·裝飾小物 … 1個 ·圓形大串珠 … 1顆	·棉布（千鳥格）… 30×35cm ·亞麻（檸檬圖案）… 60×20cm ·布襯 … 25×35cm ·蕾絲飾片 … 1片 ·長28cm的金屬拉鍊 … 1條 ·金屬支架口金（寬18×高2cm）… 1組	·棉麻布料（點點圖案）… 35×25cm ·輕染平織布（紫色）… 55×15cm ·布襯 … 30×25cm ·長28cm的金屬拉鍊 … 1條 ·金屬支架口金（寬18×高2cm）… 1組

材料

完成尺寸

| 橫15×高12×側身10cm | 橫14.5×高9×側身8cm | 橫17×高6×側身6cm |

裁布圖

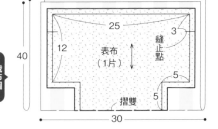

棉麻（直條紋）

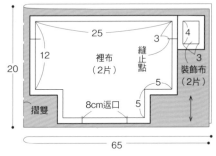

亞麻（茶色）

※縫份預留1cm
※ ▨ 是背面貼布襯

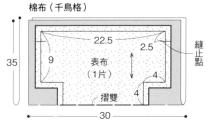

棉布（千鳥格）

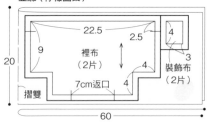

亞麻（檸檬圖案）

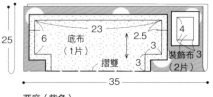

⑨
棉麻（點點圖案）

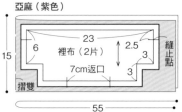

亞麻（紫色）

※ ⑧，⑨ 的作法，除了縫止點的位置之外皆與 ⑦ 相
　同。請參考裁布圖的縫止點位置，於Lesson1的作業
　上各別縫合固定裝飾物。

Lesson

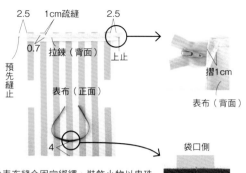

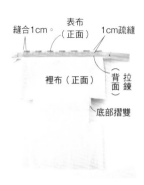

①於表布縫合固定綁繩，裝飾小物以串珠縫合固定。表布袋口2端的縫份摺好，與拉鍊正面相對疊合，並且進行疏縫。拉鍊的下側，圖中的指定位置縫合固定。

②裡布正面相對疊合，預留返口後將底部縫合。將裡布的袋口2端摺起，與表布正面相對疊合後縫合。

③將表布正面相對對摺，於拉鍊相反側的布帶上，與步驟①同樣進行疏縫。

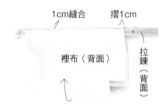

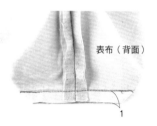

④將裡布正面相對對摺，與步驟②相同，表布的袋口側與布端對齊縫合。

⑤表布與裡布各自正面相對疊合，預留金屬支架的穿入口後將側身縫合，並將縫份燙開。

⑥側身的4角縫合。縫份倒向底部。

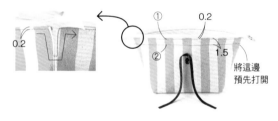
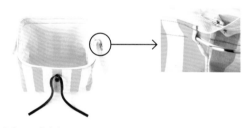

⑦從返口處翻回正面。打開單側於袋口處車縫縫線。要穿入口金支架的部分車縫縫線。縫線位置處準確的事先作好記號，可以縫製得更漂亮。

⑧袋口處穿入口金支架。

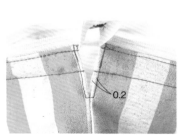
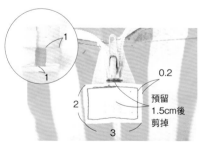

⑨將穿入口的開口部分縫合。

⑩摺疊裝飾布，將拉鍊的邊端夾合起來並且車縫。下止側距離縫止點1.5cm部分預留後，其餘剪掉，以裝飾布作收邊處理。

⑪將皮繩綁打一個蝴蝶結即完成。

只要直線車縫就能完成
束口波奇包

只要有四角形的布與繩子，馬上可以完成束口波奇包。只要車直線就可以了，非常簡單。配合欲放入物品的大小，選擇適合的尺寸製作吧！

How to make P.22
design & make：sewsew 新宮麻里

11

10

12

多了側身更加安定
立體側身束口波奇包

側身匸字的縫份預先剪好，在縫合時較不會
錯開移位而變形，形狀也會保持得更加直挺
漂亮。

How to make P.22
design & make：sewsew 新宮麻里

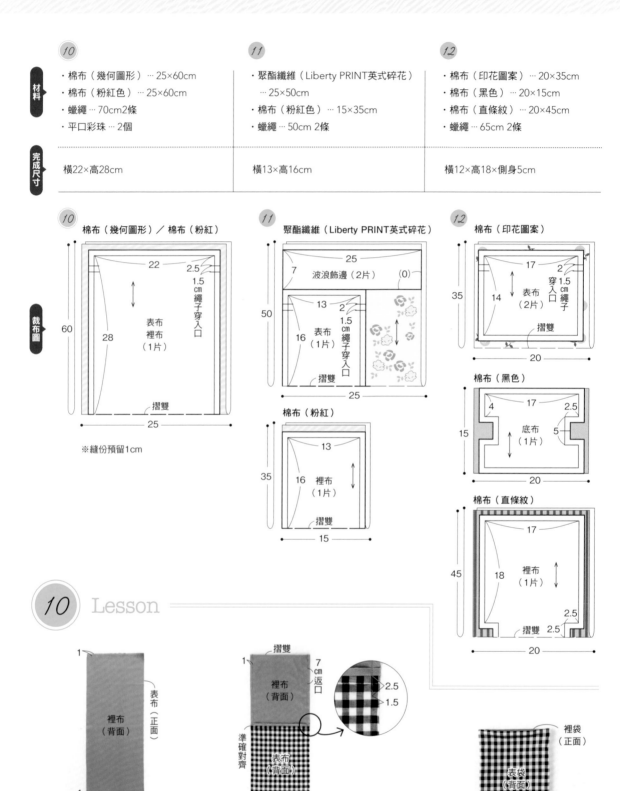

10
- 棉布（幾何圖形）… 25×60cm
- 棉布（粉紅色）… 25×60cm
- 蠟繩 … 70cm 2條
- 平口彩珠 … 2個

完成尺寸：橫22×高28cm

11
- 聚酯纖維（Liberty PRINT英式碎花）… 25×50cm
- 棉布（粉紅色）… 15×35cm
- 蠟繩 … 50cm 2條

完成尺寸：橫13×高16cm

12
- 棉布（印花圖案）… 20×35cm
- 棉布（黑色）… 20×15cm
- 棉布（直條紋）… 20×45cm
- 蠟繩 … 65cm 2條

完成尺寸：橫12×高18×側身5cm

裁布圖

10 棉布（幾何圖形）／棉布（粉紅）

22　2.5　1.5cm 繩子穿入口
60　28　表布 裡布（1片）　摺雙
25

※縫份預留1cm

11 聚酯纖維（Liberty PRINT英式碎花）

25　7　波浪飾邊（2片）　(0)
50　13　2　1.5cm 繩子穿入口　16　表布（1片）　摺雙
25

棉布（粉紅）

13　35　16　裡布（1片）　摺雙
15

12 棉布（印花圖案）

17　2　1.5cm 穿入口 繩子
35　14　表布（2片）　摺雙
20

棉布（黑色）

4　17　2.5
15　底布（1片）　5
20

棉布（直條紋）

17
45　18　裡布（1片）
2.5
摺雙　2.5
20

10 Lesson

1　裡布（背面）　表布（正面）　1

摺雙　1　7cm 返口　裡布（背面）　2.5　1.5　準確對齊　表布《背面》　摺雙

裡袋（正面）　表袋《背面》

①將表布與裡布正面相對疊合，並且袋口縫合。縫份燙開。

②各自將表布、裡布正面相對對摺，並且兩脇邊縫合。裡布的脇邊預留返口，表布的兩端脇邊預留繩子穿入口後縫合。

③從返口處翻回正面，並將袋身整理整齊。

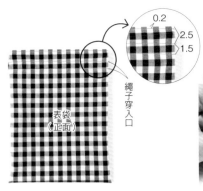

0.2
2.5
1.5

表袋
（正面）

繩子穿入口

④袋口處車縫3條縫線。

裡袋
（正面）

⑤縫合裡袋的返口（參考P.11）。

⑥從兩脇邊的繩子穿入口穿入蠟繩，並在邊端打結。

---

11 Point Lesson　※在進行 **10** -①之前於表布車縫波浪飾邊。繩子穿入口的尺寸請參考裁布圖。

〈波浪飾邊〉

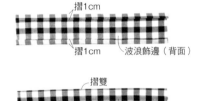

摺1cm
摺1cm　波浪飾邊（背面）

摺雙
0.2　波浪飾邊（正面）

①將波浪飾邊的縫份摺起後對摺，並且車縫縫線。

摺雙　0.5

②摺山側以大針距車縫2條車線。

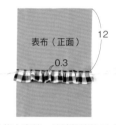

表布（正面）
12
0.3

③拉緊1條上車線，縮皺飾邊的尺寸與表布等寬，縫合固定於表布後，將②的車縫線取出。

---

12 Point Lesson　※除了作法說明之外請參考 **10** 。

〈表布＆底布〉

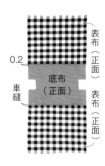

表布（正面）
0.2
底布（正面）
車縫
表布（正面）

①將表布與底布正面相對疊合並且縫合，縫份倒向底部側車縫固定。與步驟 **10** -①同樣的方法表布與裡布縫合。

〈脇〉

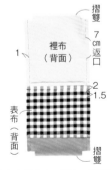

摺雙
7cm返口
裡布（背面）
1
2
1.5
表布（背面）
摺雙

②各自將表布、裡布正面相對疊合，並且兩端脇邊縫合。裡布的脇邊預留返口，表布的兩端脇邊預留繩子穿入口。

〈側身〉

1
表布（背面）
1

③燙開縫份，將底布、裡布的側身脇邊各自縫合完成。

〈袋口的車縫〉

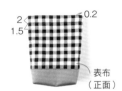

0.2
2
1.5
表布（正面）

④翻回正面，袋口處車縫3條縫線。與步驟 **10** 同樣作法縫合返口處，並且穿過繩子。

13

單手就可以打開
飾邊緞帶開合式波奇包

彈簧片口金以單手就可以打開是它的特色,是非常具有魅力的
波奇包。只要在袋口的兩端脇邊作出穿入口,其餘的作法幾乎
都與束口波奇包相同。

How to make P.25
design & make:komihinata 杉野未央子

13 飾邊緞帶開合式波奇包

材料

・亞麻（粉紅色）… 35×40cm
・棉布（印花圖案）… 20×25cm
・布襯 … 20×25cm
・寬1.6cm的綾羅紋緞帶（白色）… 30cm 2條
・寬0.5cm的綾羅紋緞帶（粉紅色）… 17.4cm 2條
・寬12cm的彈簧口金 … 1個

完成尺寸 橫19×高12.5×側身2cm

裁布圖

亞麻（粉紅色）

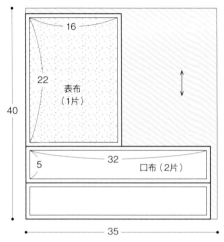

棉布（印花圖案）

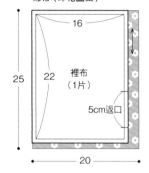

※除了指定縫份之外，請預留0.7cm
※ ▨ 是背面貼布襯

〈本作品使用的彈簧口金〉

這是從脇邊插入固定針具就可以固定的彈簧口金。還有以針具彎曲固定的彈簧口金其他種類。

Lesson

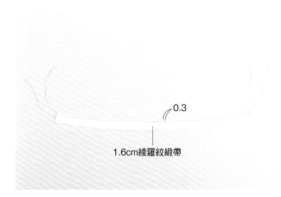

①於綾羅紋緞帶的邊端以粗針目車縫1條縫線。

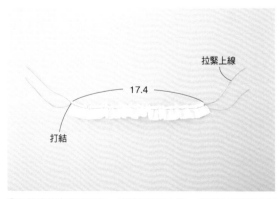

②將單邊的車縫線打結。拉緊單邊的上線，將皺褶推擠集中至17.4cm。也以同樣方式縫製另一條。

25

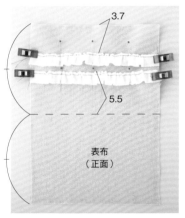

③於表布的固定位置上，將綾羅紋緞帶重疊放置於記號處，並且以珠針固定。兩端以強力夾固定。

④於粗針目縫線上重疊車線縫合，將綾羅紋緞帶縫合固定。

⑤將0.5cm寬的綾羅紋緞帶縫合固定上。

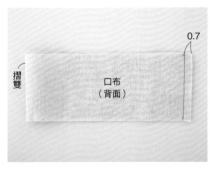

⑥將口布正面相對縫合。

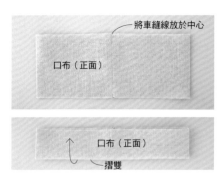

⑦翻回正面，將車縫線放至中心，直向對摺。

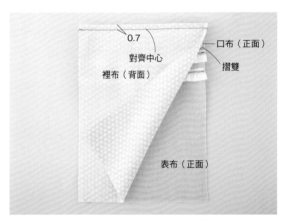

⑧於表布上將口布從中心開始對齊疊放。表布與裡布正面相對疊合並且縫合。

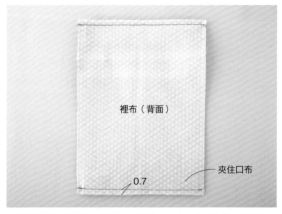

⑨相反側也同樣於表布與裡布之間將口布夾在中間車縫。縫份倒向裡布側。

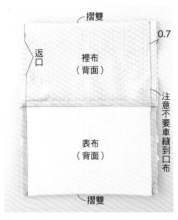

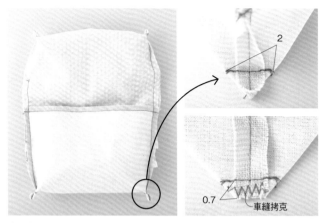

⑩各自將表布、裡布正面相對疊合,其中一邊脇邊預留返口後縫合。注意不要車縫到口布。

⑪側身的4個邊角縫合。多餘的縫份剪掉,車縫拷克補強布邊以防止脫線。

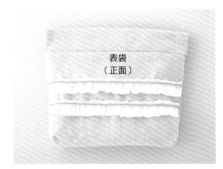

⑫從返口處翻回正面,並且縫合返口。

⑬從口布的側身將彈簧口金穿入。口金有分上下,請注意方向。

⑭對齊彈簧口金的邊端將固定的零件插入,以錘子釘入或是以開口較寬的鉗子嵌入固定。

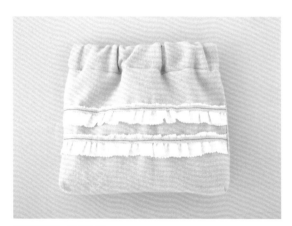

⑮整理形狀,完成作品。

14

擁有側身的大容量
口金化妝波奇包

擁有側身的大容量波奇包。四角形的口金金具，
是初次嘗試口金包的初學者也很容易上手的形
狀。

How to make P.29
design & make：mini-poche 米田亜里
口金／角田商店

14 口金化妝波奇包

材料

・棉布（印花圖案）… 21×31cm
・亞麻（淡綠色）… 14×28cm
・棉布（點點圖案）… 50×31cm
・接著鋪棉 … 35×35cm
・薄布襯 … 50×35cm
・口金金具（F24／角田商店）… 寬15×高6cm
・紙繩 … 適量

完成尺寸

橫21×高10×側身8.5cm
（不包含口金頭）

原寸紙型

【14】-1表布・裡布、2側身

裁布圖

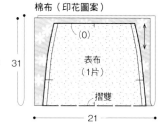

棉布（印花圖案）

（0）

表布
（1片）

摺雙

31

21

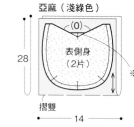

亞麻（淺綠色）

（0）

表側身
（2片）

28

14

摺雙

※這裡不貼襯

※除了指定縫份之外，其餘請預留0.7cm
※　　　是表布與表側身背面，貼接著鋪棉
　　裡布、裡側身、內口袋貼布襯

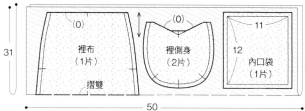

棉布（點點圖案）

（0）　　（0）

裡布
（1片）　裡側身
（2片）

摺雙

11
12
內口袋
（1片）

31

50

口金的基本知識

〈部位名稱與尺寸〉

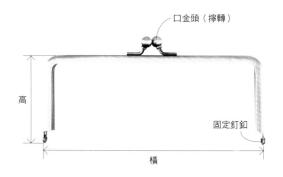

口金頭（撐轉）

高

固定釘釦

橫

〈必要的工具〉

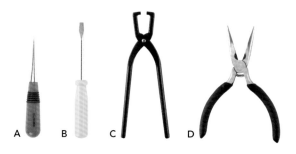

A　B　C　D

A　錐子…用於將主體紙繩塞入溝槽時整理形狀。
B　一字螺絲起子…用於將紙繩塞入溝槽。
C　口金封口鉗…用於最後將口金的兩側身夾緊。
D　平口尖嘴鉗…沒有口金封口鉗時，平口尖嘴鉗也可以代替使用。

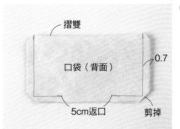

①將口袋正面相對對摺，預留返口後縫合。將邊角多餘的縫份斜口剪掉。

摺雙

口袋（背面）

0.7

5cm返口　剪掉

摺雙

口袋（正面）

②從返口處翻回正面，並且整理形狀。

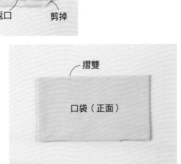

3

摺雙

口袋（正面）

0.2

裡布（正面）

③將口袋縫合於裡布上。口袋的開口處為了補強，請車縫三角形。

0.5cm疏縫

表布（背面）

表側身（背面）

④表布與表側身正面相對疊合，疏縫。

0.7

⑤將側面向上，以車縫縫合。縫份倒向表布側。

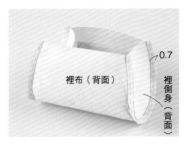

裡布（背面）

0.7

裡側身（背面）

⑥裡布與裡側身正面相對疊合，疏縫後縫合。縫份倒向裡布側。

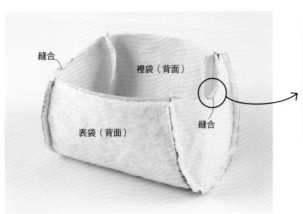

縫合

裡袋（背面）

表袋（背面）

縫合

⑦表袋與裡袋正面相對疊合後縫合脇邊。

⑧於縫份處剪牙口。請小心注意不要剪到車縫線。

剪牙口

表袋（正面）

0.2

⑨翻回表面並且整理形狀，於袋口車一圈縫線。

⑩配合口金的長度，將必須的紙繩數量都剪好。

⑪於口金的溝槽內，以竹片或竹籤等用具塗上接著劑。

⑫在接著劑未乾之前，對齊側面脇邊的位置將主體布塞入溝槽內，再將紙繩塞入固定。相反側也以同樣方式固定。

裡袋（正面）

⑬主體布全部都塞入口金溝槽內。

⑭將左右調整均衡，布邊端確實的塞入到口金溝槽的底部。從表面側也確認一下布邊端有沒有露出來。

中心

脇邊

⑮將紙繩從口金的中心與脇邊開始塞入。一開始不要將紙繩塞到底，大約是塞入到從表面向裡看還看得到一點點的位置。（用意是主體有歪斜時可以取出重新塞一次）

襠布

⑯將紙繩全部確實塞入完成後，口金先打開開口讓接著劑乾。為了使口金不脫落，以襠布墊著，將兩脇邊內側的邊角地方以封口鉗夾緊。

⑰完成作品。

整理包包時所推薦的波奇包

在經常亂七八糟的包包裡,以小小波奇包作為收納袋吧!
馬上就可以快速的拿出、收起,超級便利!

方便使用的
多功能款

15

使用舒適感No.1
裝飾蝴蝶結的拉鍊波奇包

收放護唇膏與髮夾等小物也非常適合的輕巧波奇包。樸實的素
材,只是裝飾上蝴蝶結就給人優雅豐富的印象。

How to make P.34　design & make:komihinata 杉野未央子

16

外口袋也可以放卡片的
拉鍊波奇包

車縫隔間的外口袋是收納卡片剛剛好的尺寸,在拉鍊
的拉頭上裝飾蝴蝶結,開開關關的也變得容易多了!

How to make P.35　design & make:komihinata 杉野未央子

15
裝飾蝴蝶結的拉鍊波奇包

< P.32 >

◆ **完成尺寸**

橫14×直11cm

◆ **材料**

亞麻（黃綠色）… 15.4×23.4cm
棉布（印花圖案）… 15.4×23.4cm
布襯 … 14×22cm
長20cm的FLATKNIT®平織拉鍊 … 1條
橫1.6cm的綾羅紋緞帶（黃色）… 26cm
橫0.5cm的綾羅紋緞帶（黃綠色）… 20cm

裁布圖

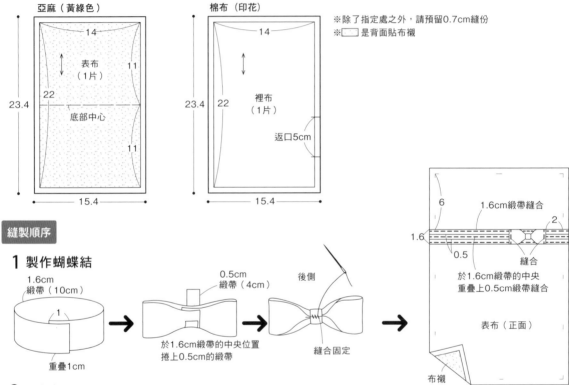

亞麻（黃綠色）

14
表布
（1片）
11
22
底部中心
11
23.4
15.4

棉布（印花）

14
裡布
（1片）
22
返口5cm
23.4
15.4

※除了指定處之外，請預留0.7cm縫份
※▭是背面貼布襯

6
1.6cm緞帶縫合
2
1.6
0.5
縫合
於1.6cm緞帶的中央
重疊上0.5cm緞帶縫合
表布（正面）
布襯

縫製順序

1 製作蝴蝶結

1.6cm
緞帶（10cm）
1
重疊1cm

0.5cm
緞帶（4cm）
於1.6cm緞帶的中央位置
捲上0.5cm的緞帶

後側
縫合固定

2 縫製拉鍊

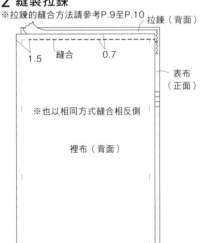

※拉鍊的縫合方法請參考P.9至P.10

拉鍊（背面）
1.5 縫合 0.7
表布（正面）
※也以相同方式縫合相反側
裡布（背面）

3 縫合脇邊

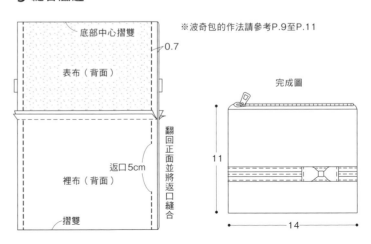

底部中心摺雙
0.7
表布（背面）
返口5cm
裡布（背面）
摺雙
翻回正面並將返口縫合

※波奇包的作法請參考P.9至P.11

完成圖
11
14

16
拉鍊波奇包
< P.33 >

◆ **材料**

亞麻（點點圖案）… 20×30cm
棉布（格子圖案）… 40×30cm
棉布（北歐風圖案）… 20×13cm
布襯 … 20×30cm
長20cm的FLATKNIT®平織拉鍊 … 1條
橫0.4cm的緞帶 … 13cm

◆ **完成尺寸**

橫18×直14cm

裁布圖

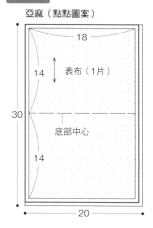

亞麻（點點圖案）

18
14
表布（1片）
30
底部中心
14
20

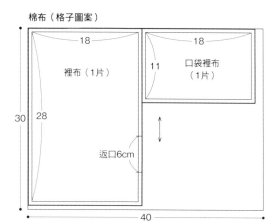

棉布（格子圖案）

18
裡布（1片）
30   28
返口6cm

18
11
口袋裡布（1片）

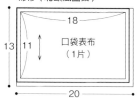

※除了指定以外的縫份，請預留0.7cm
※ ▭ 是背面貼布襯

棉布（北歐風圖案）

18
13 11
口袋表布（1片）
20

縫製順序

1 製作口袋

0.7
口袋表布（正面）
縫合
正面相對
口袋裡布（背面）
縫合
0.7
翻至正面

車縫0.2cm
口袋表布（正面）

※波奇包作法請參考 P.9至P.11

2 將口袋車縫於表布

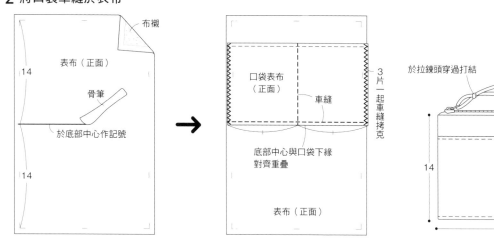

布襯
表布（正面）
14
骨筆
於底部中心作記號
14

口袋表布（正面）
車縫
3片一起車縫拷克
底部中心與口袋下緣對齊重疊
表布（正面）

於拉鍊頭穿過打結
0.4cm緞帶
14
18

收納能力超群，袋內物品也便於整理
箱形波奇包

方形的波奇包顯得乾淨俐落，即使將大小不一的尺寸收納在
包包裡也不嫌亂。拉鍊開口可以開到脇邊，裡頭的物品看得
一清二楚，並且便於整理。

How to make P.38
design & make：yu*yu おおのゆうこ

18

17

體積小巧收納方便
直立箱形波奇包

直立輕巧的尺寸在放入包包時，馬上就可以快
速的收起、拿出，因此非常方便。充電器與小
耳機等等，常常會捲得亂七八糟的電源線，也
都能很輕巧地收納。

How to make P.39
design & make：yu*yu おおのゆうこ

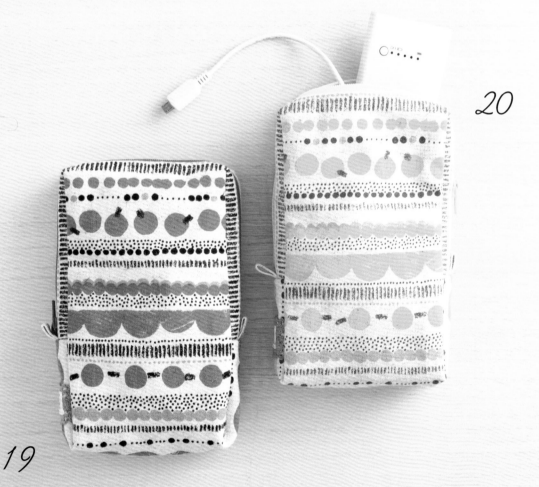

20

19

17・18
箱形波奇包
< P.36 >

◆ 完成尺寸

⑰ 橫12×直8×側身4cm　⑱ 橫18×直12×側身6cm

◆ 材料　　　　　　　　※〈　〉的尺寸是 ⑱

棉布（小鳥圖案）… 25×20cm〈35×25cm〉
棉布（印花圖案）… 40×20cm〈40×30cm〉
棉布（無地）… 25×25cm〈35×40cm〉
長20cm〈30cm〉拉鍊 … 1條
橫1.3cm緞帶 … 40cm〈蕾絲52cm〉
裝飾釦 … 1個

裁布圖

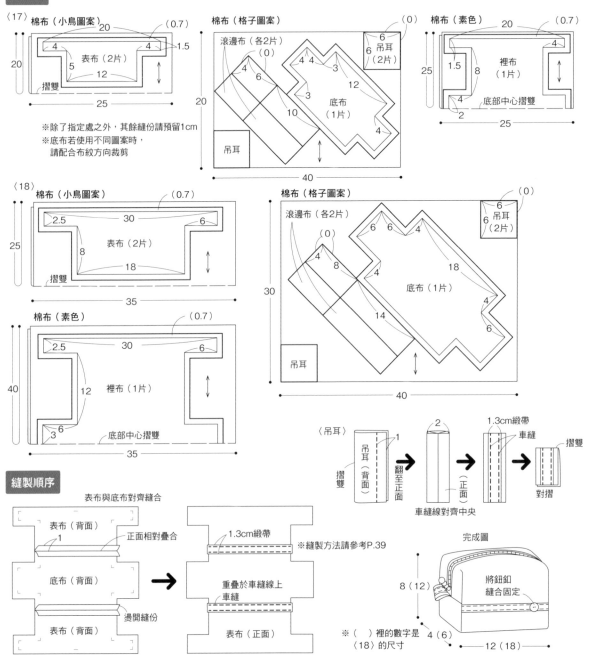

縫製順序

38

19·20
直立箱形波奇包
< P.37 >

◆ 材料
※ 〈 〉的尺寸是 ⑳
棉麻（印花圖案）… 45×40cm（58×40cm）
棉布（素色）… 35×40cm
長30cm的FLATKNIT®平織拉鍊 … 1條
橫2cm蕾絲 … 5cm
橫1cm織帶 … 8cm
字母（或花樣）標籤 … 1片

◆ 完成尺寸
橫10×直16×側身3cm

裁布圖

棉麻（印花圖案）／棉布（素色）

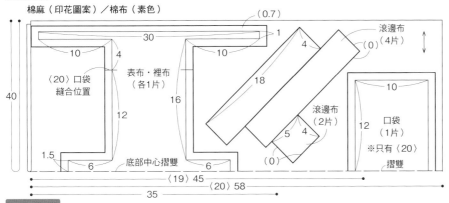

（0.7）
30
1
10　4
10
4
〈20〉口袋
縫合位置
40
16
12
18
滾邊布
（4片）
（0）
滾邊布
（2片）
5　4
（0）
10
口袋
（1片）
12
※只有〈20〉
摺雙
1.5
6　底部中心摺雙　6
〈19〉45
〈20〉58
35

※除了指定處之外，
其餘縫份請預留1cm
※表布請以棉麻裁剪；
裡布請以棉布裁剪

縫製順序

1 縫製拉鍊

拉鍊
1
※拉鍊的車縫方法
請參考P.14
縫合吊耳
摺雙
將織帶（4cm）
對摺
表布（正面）
裡布（正面）
★
★

2 縫合固定蕾絲與標籤

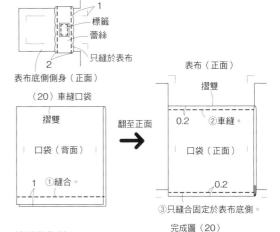

1
標籤
蕾絲
只縫於表布
2
表布底側側身（正面）
〈20〉車縫口袋
摺雙
口袋（背面）
1　①縫合。
翻至正面
表布（正面）
摺雙
0.2　②車縫。
口袋（正面）
0.2
③只縫合固定於表布底側。

完成圖〈20〉
後側

3 縫合側身

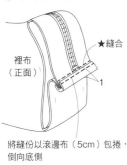

裡布（正面）
★縫合
1
1
將縫份以滾邊布（5cm）包捲，
倒向底側

4 縫合脇邊

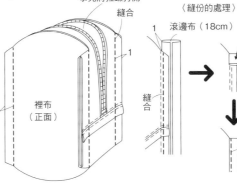

事先將拉鍊打開
縫合
1
裡布（正面）
1
1
〈縫份的處理〉
滾邊布（18cm）
1
摺
縫合
將縫份
包捲縫合

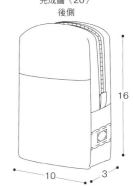

16
10　3

21

對於防水或預防髒污，都是十分耐用的特殊材質

牛奶糖系波奇包

雖然看起來像紙張，但實際上非常堅固，防水性也很強，是使用特殊材質製
作的波奇包 。表面不僅可以寫上文字，也可以蓋印章，可變身成為一個只屬
於自己獨一無二的波奇包。

How to make P.42
design & make：Needle work Tansy 青山惠子
素材提供／ホームクラフト

22

防撞性能極佳
有手把的牛奶糖系波奇包

為了方便隨身攜帶,改良成為有手把的波奇包。表布背
面貼上防撞性極佳的鋪棉布襯,放照相機等容易損壞的
物品也非常適合。

How to make P.43
design & make:Needle work Tansy 青山惠子
素材提供╱Needle work Tansy

21
牛奶糖系波奇包
< P.40 >

◆ **材料**
Tyvek®聚乙烯纖維材質 ⋯ 23×31cm
長20cm的拉鍊 ⋯ 1條
橫2cm的緞帶 ⋯ 12cm

◆ **完成尺寸**
橫14.5×直6×側身8cm

裁布圖

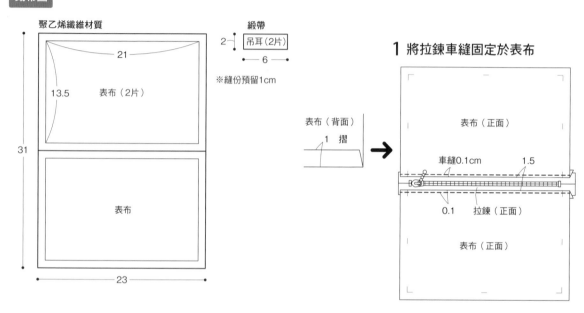

聚乙烯纖維材質
21
13.5
表布（2片）
31
表布
23

緞帶
2
吊耳（2片）
6
※縫份預留1cm

1 將拉鍊車縫固定於表布

表布（背面）
1 摺

表布（正面）
車縫0.1cm   1.5
0.1   拉鍊（正面）
表布（正面）

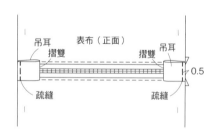

2 疏縫吊耳

吊耳   表布（正面）   吊耳
摺雙   摺雙
0.5
疏縫   疏縫

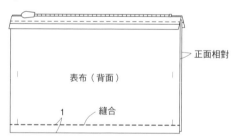

3 縫合底部中心

正面相對
表布（背面）
1   縫合

4 脇邊摺疊縫合

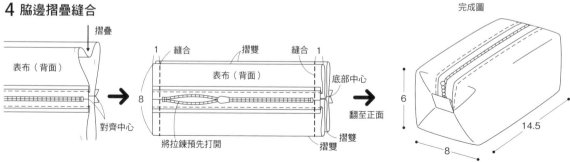

摺疊
表布（背面）
對齊中心

1 縫合   摺雙   縫合 1
表布（背面）
8
底部中心
將拉鍊預先打開   摺雙
摺雙

翻至正面

完成圖
6
14.5
8

22
有手把的牛奶糖系波奇包

< P.41 >

◆ **材料**

亞麻（紫色）… 31×23cm
亞麻（玫瑰圖案）… 23×16cm
棉布（玫瑰圖案）… 23×31cm
接著鋪棉 … 23×31cm
長20cm的拉鍊 … 1條
橫2cm的皮革 … 6cm2片
橫2.5的蕾絲 … 23cm

◆ **完成尺寸**

橫14.5×直6×側身8cm

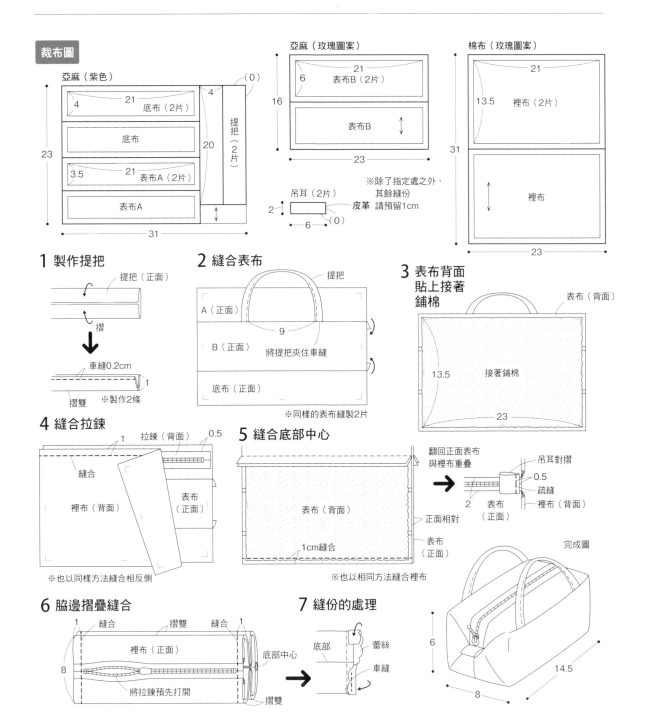

23

袋內也看得一清二楚的
開口超大又便利的筆袋

具有棉絨柔和觸感獨特魅力的筆袋。像這樣以
有毛流方向的布材製作時，記得要將布材的方
向統一擺放。

How to make P.46　design & make：flico 岡田桂子
素材提供／オカダヤ新宿本店

可以作很多個疊放收納的
立方體波奇包

以一片布材簡單組合製作的立方體波奇包。剛
剛好的尺寸排列在一起，作為行李箱內的收納
小包也非常推薦。

How to make P.47
design & make：flico 岡田桂子
素材提供／オカダヤ新宿本店、
提供錬條／INAZUMA

24

25

26

23

開口超大又便利的筆袋

< P.44 >

◆ **材料**

棉絨（淺藍色）… 35×30cm

密織平紋布（直條紋）… 70×30cm

布襯 … 35×30cm

長20cm的金屬拉鍊 … 1條

星形飾片 … 6個

流蘇 … 1個

直徑0.4cm的珠珠 … 2個

內徑0.5cm的圓形環 … 1個

◆ **完成尺寸**

橫19×直6.5×側身3.5cm

◆ **原寸紙型**

[23]-1主體、2底部側身

裁布圖

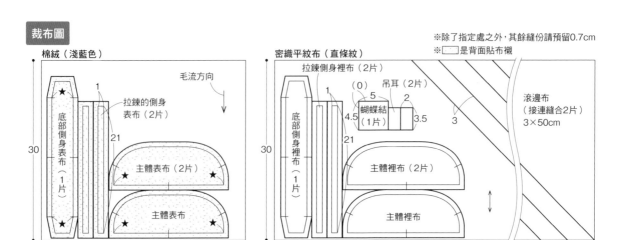

縫製順序

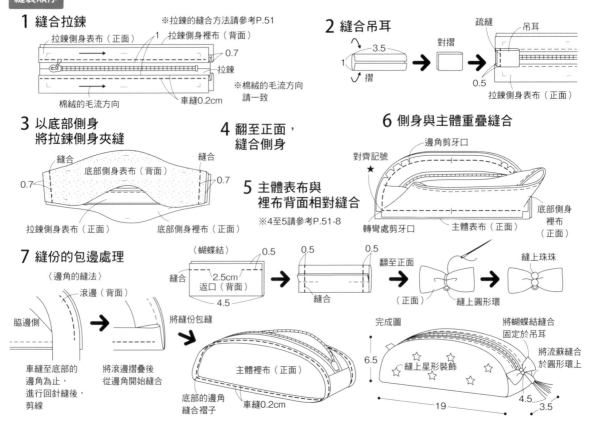

24 · 25 · 26
立方體波奇包

< P.45 >

◆ **完成尺寸**

橫10×直10×側身10cm

◆ **材料（1個的用量）**

Daily調色盤色彩系帆布
（淺綠色・淺藍色・粉紅色）… 40×25cm
單面帶膠密織襯 … 40×30cm
長20cm的FLATKNIT®平織拉鍊 … 1條
珠鍊（AK-79-14s）… 1條

裁布圖

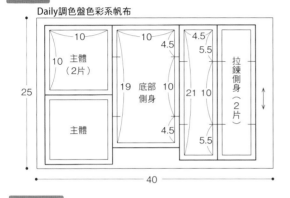

Daily調色盤色彩系帆布

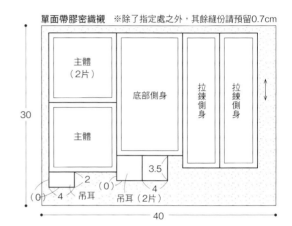

單面帶膠密織襯　※除了指定處之外，其餘縫份請預留0.7cm

縫製順序

1 帆布背面貼襯，作記號

以熨斗燙襯貼合　拉鍊側身（背面）
5.5　10　5.5　確實作好記號
縫合拉鍊側，車縫拷克

2 車縫拉鍊

拉鍊側身（正面）　1　0.7
拉鍊　0.7
車縫0.2cm

※車縫拉鍊的方法請參考P.51

3 車縫吊耳

向內摺以熨斗熨燙貼合
3.5　2
對摺

疏縫0.5cm　拉鍊側身（正面）
吊耳（正面）
摺雙
吊耳

※也以相同方式縫合相反側

4 拉鍊側身與底部側身對齊縫合

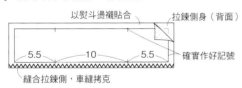

②拷克。　①縫合。
0.7　0.7
底側身（背面）
③剪掉多餘的拉鍊。
拉鍊側身（正面）

5 車縫吊耳

向內摺以熨斗熨燙貼合，再對摺　1

0.5　1.2
吊耳
主體（正面）

6 主體與側身縫合

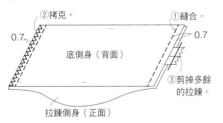

將拉鍊預先打開
側身（背面）　主體（正面）　0.7
①車縫至邊角的記號處。
0.5
②剪牙口。
對齊邊角，將牙口打開
③繼續縫合。
0.7

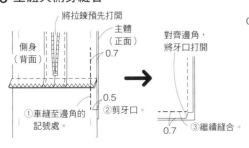

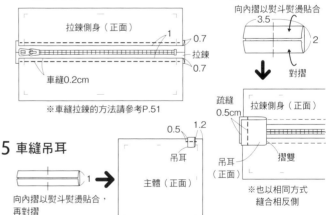

④拷克。
側身（背面）
0.7
吊耳
主體（背面）

完成圖

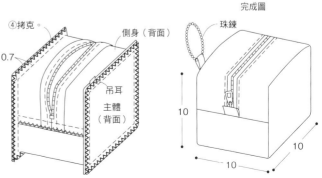

珠鍊
10
10
10

27

全開式設計，方便拿取物品
合頁式存摺波奇包

縮短側身的長度，使得左右打開時，猶如張開大嘴的波奇包。內側大大小小總共有5個隔層，卡片與存摺分門別類清晰可見，整理起來也得心應手。

How to make P.50　design & make：flico 岡田桂子
素材提供／オカダヤ新宿本店、吊繩提供／INAZUMA

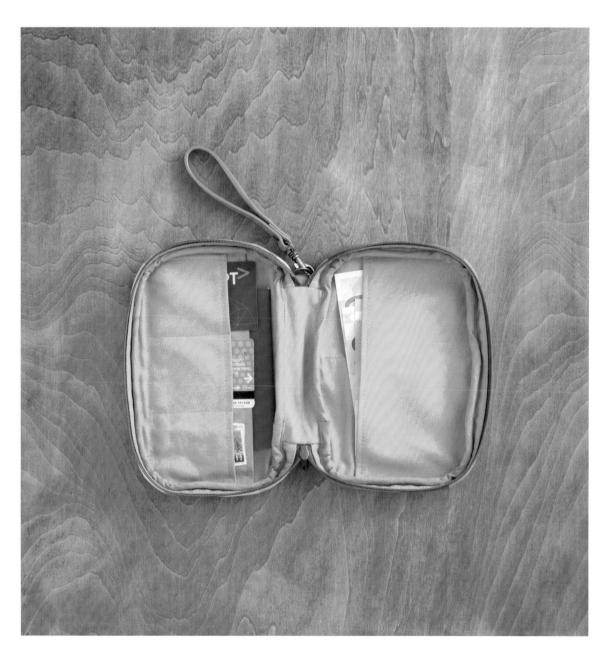

48

背面加上一個拉鍊口袋，
常常遺失的鑰匙也可以安心收納了！

27
合頁式存摺波奇包
< P.48 >

◆ **完成尺寸**
橫13.5×直19.5×側身3cm

◆ **原寸紙型**
[27]-1主體、2存摺隔間、
3卡片口袋、4表袋口袋

◆**材料**
Daily調色盤色彩系帆布（藏紅花色）… 80×30cm
棉布（格子圖案）… 50×20cm
厚棉布（芥末黃色）… 45×30cm
布襯 … 55×15cm
長20cm，50cm的FLATKNIT®平織拉鍊 … 各1條
標籤（3.5×1.7cm）… 1片
附D形環波奇包用手拿吊繩（駝色／BS-1526A）… 1條

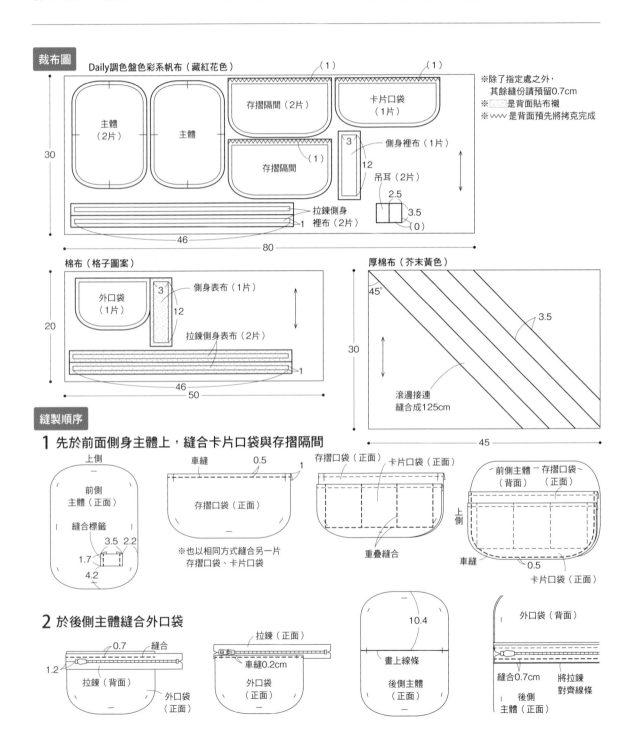

裁布圖

Daily調色盤色彩系帆布（藏紅花色）

主體（2片）　主體　存摺隔間（2片）　卡片口袋（1片）

存摺隔間　側身裡布（1片）　吊耳（2片）

拉鍊側身裡布（2片）

※除了指定處之外，
其餘縫份請預留0.7cm
※ 是背面貼布襯
※ᐧᐧᐧ 是背面預先將拷克完成

棉布（格子圖案）

外口袋（1片）　側身表布（1片）　拉鍊側身表布（2片）

厚棉布（芥末黃色）

45°　滾邊接連縫合成125cm

縫製順序

1 先於前面側身主體上，縫合卡片口袋與存摺隔間

上側　前側主體（正面）　縫合標籤

車縫　0.5　存摺口袋（正面）
※也以相同方式縫合另一片
存摺口袋、卡片口袋

存摺口袋（正面）　卡片口袋（正面）　重疊縫合

前側主體－存摺口袋（背面）　（正面）　上側　車縫　0.5　卡片口袋（正面）

2 於後側主體縫合外口袋

0.7　縫合　拉鍊（背面）　外口袋（正面）

拉鍊（正面）　車縫0.2cm　外口袋（正面）

10.4　畫上線條　後側主體（正面）

外口袋（背面）　縫合0.7cm　將拉鍊對齊線條　後側主體（正面）

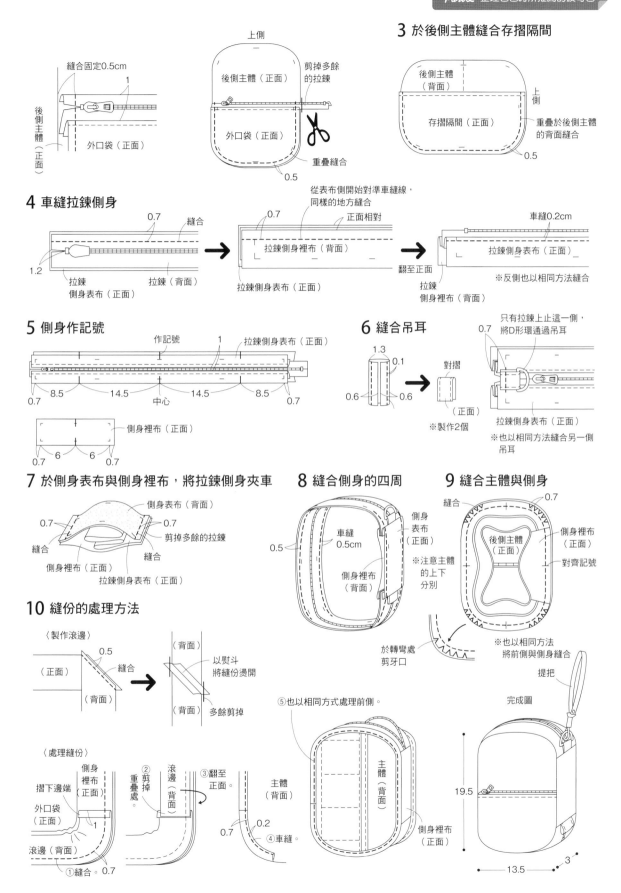

3 於後側主體縫合存摺隔間

上側

後側主體（正面）

剪掉多餘的拉鍊

後側主體（正面）

外口袋（正面）

0.5

重疊縫合

縫合固定0.5cm

1

後側主體（正面）

外口袋（正面）

後側主體（背面）

上側

存摺隔間（正面）

重疊於後側主體的背面縫合

0.5

4 車縫拉鍊側身

0.7 縫合

1.2 拉鍊側身表布（正面） 拉鍊（背面）

從表布側開始對準車縫線，同樣的地方縫合

0.7 正面相對

拉鍊側身裡布（背面）

拉鍊側身表布（正面）

翻至正面

車縫0.2cm

拉鍊側身表布（正面）

拉鍊側身裡布（背面）

※反側也以相同方法縫合

5 側身作記號

作記號 1 拉鍊側身表布（正面）

0.7 8.5 14.5 中心 14.5 8.5 0.7

側身裡布（正面）

0.7 6 6 0.7

6 縫合吊耳

1.3 0.1

0.6 0.6

對摺

（正面）

※製作2個

只有拉鍊上止這一側，將D形環通過吊耳

0.7

拉鍊側身表布（正面）

※也以相同方法縫合另一側吊耳

7 於側身表布與側身裡布，將拉鍊側身夾車

側身表布（背面）

0.7 0.7

縫合 剪掉多餘的拉鍊

側身裡布（正面） 縫合

拉鍊側身表布（正面）

8 縫合側身的四周

車縫 0.5cm

0.5

側身表布（正面）

側身裡布（背面）

※注意主體的上下分別

9 縫合主體與側身

縫合 0.7

後側主體（正面）

側身裡布（正面）

對齊記號

於轉彎處剪牙口

※也以相同方法將前側與側身縫合

提把

完成圖

10 縫份的處理方法

〈製作滾邊〉

0.5 縫合

（正面） （背面）

以熨斗將縫份燙開

（背面）

（背面）

多餘剪掉

〈處理縫份〉

摺下邊端

側身裡布（正面）

外口袋（正面）

滾邊（背面）

①縫合。0.7

1

②剪掉重疊處。

滾邊（背面）

③翻至正面。

0.7 0.2

④車縫

主體（背面）

⑤也以相同方式處理前側。

主體（背面）

主體（正面）

側身裡布（正面）

19.5

13.5 3

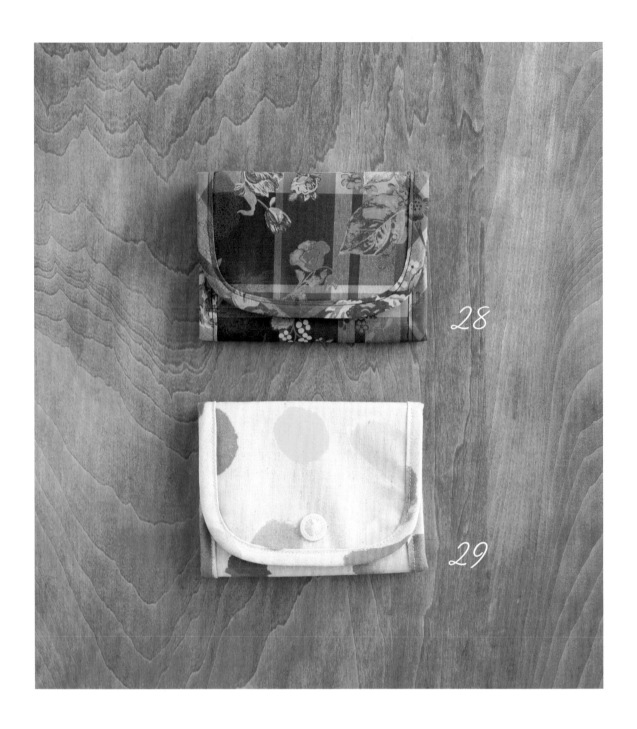

28

29

收納飾品＆小物
摺疊式波奇包

三摺式的造型，可當成輕巧便利的裝飾盒，隨時帶
著走。試著設計出：可收納耳環與戒指的飾品盒樣
式，還有分成3個拉鍊口袋，可分別收納藥品的藥盒
樣式。

How to make P.54
design & make：sewsew 新宮麻里

在皮革上打個小洞可以掛耳環，切一段細長的
皮革可以把戒指穿過去收納。加上兩個邊端的
拉鍊口袋，可以收納項鍊與手鍊。

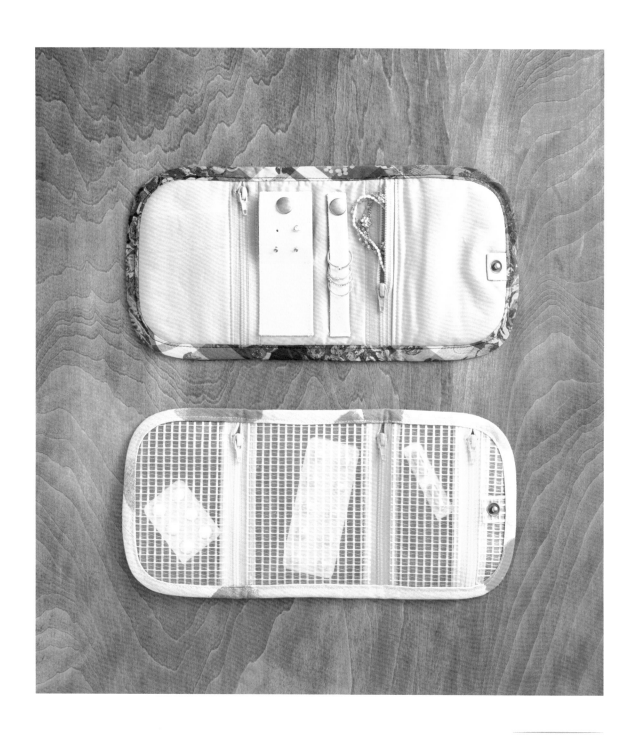

使用塑膠材質網狀編織材質，製作三個半透明的
拉鍊口袋，可以將小物分開收納，非常便利。

28・29
摺疊式波奇包
< P.52 >

◆ 完成尺寸
横13.6×直10cm（摺起來狀態）

◆ 原寸紙型
[28]-1主體、2內口袋A、3內口袋B
[29]-1主體・膠材質口袋

㉘ ◆材料
聚酯纖維（Liberty PRINT英式碎花）
　…70×30cm
棉布（駝色）…50×30cm
0.1cm厚度的皮革…15×15cm
布襯…30×15cm
接著鋪棉…30×30cm
長20cm的FLATKNIT®平織拉鍊…1條
直徑1.2cm的釘釦…3組

㉙ ◆材料
棉麻油畫風（手繪圖案）
　…70×30cm
牛津布（青色）…30×15cm
塑膠材質網狀編織布
　…30×20cm
布襯…30×15cm
長20cm的FLATKNIT®平織拉鍊…3條
直徑1.2cm的釘釦…1組
直徑1.6cm的裝飾釦…1個

裁布圖

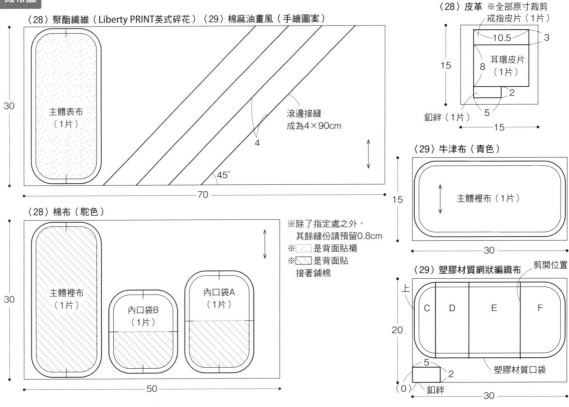

〈28〉聚酯纖維（Liberty PRINT英式碎花）〈29〉棉麻油畫風（手繪圖案）

主體表布（1片）
30

滾邊接縫成為4×90cm
4
45°
70

〈28〉棉布（駝色）
主體裡布（1片）
內口袋B（1片）
內口袋A（1片）
30
50

※除了指定處之外，其餘縫份請預留0.8cm
※▨是背面貼襯
※▩是背面貼接著鋪棉

〈28〉皮革 ※全部原寸裁剪
戒指皮片（1片）
10.5　3
耳環皮片（1片）
15　8
2
釦絆（1片）　5
15

〈29〉牛津布（青色）
主體裡布（1片）
15
30

〈29〉塑膠材質網狀編織布
剪開位置
上
C D E F
20
5　2
（0）釦絆
塑膠材質口袋
30

---

1 製作滾邊

0.8
（正面）（背面）
剪掉
（背面）（背面）
燙開縫份　剪掉
2.2
摺

2 於表布釘上釘釦

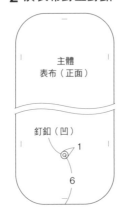

主體表布（正面）
釘釦（凹）
1
6

〈28〉3 於內側布上製作內口袋

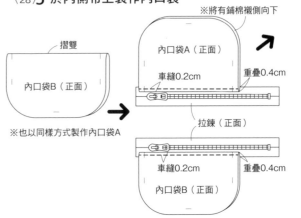

※將有鋪棉襯側向下

摺雙
內口袋B（正面）
※也以同樣方式製作內口袋A

內口袋A（正面）
車縫0.2cm
重疊0.4cm
拉鍊（正面）
車縫0.2cm
重疊0.4cm
內口袋B（正面）

〈28〉4 製作內側的零件

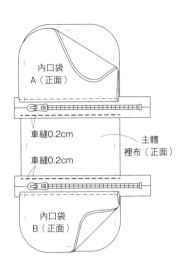

內口袋
A（正面）

車縫0.2cm

車縫0.2cm

主體
裡布（正面）

內口袋
B（正面）

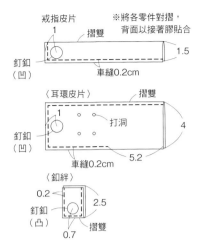

戒指皮片

摺雙

1

釘釦
（凹）

車縫0.2cm

1.5

※將各零件對摺，
背面以接著膠貼合

〈耳環皮片〉 摺雙

1

釘釦
（凹）

打洞

4

車縫0.2cm

5.2

〈釦絆〉

0.2

釘釦
（凸）

2.5

摺雙

0.7

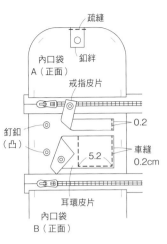

疏縫

內口袋
A（正面）

釦絆

戒指皮片

0.2

釘釦
（凸）

5.2

車縫
0.2cm

耳環皮片

內口袋
B（正面）

〈28〉5 縫合表布與裡布

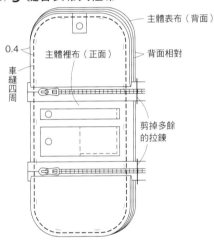

主體表布（背面）

0.4

主體裡布（正面）

背面相對

車縫四周

剪掉多餘
的拉鍊

〈28〉6 四周滾邊處理

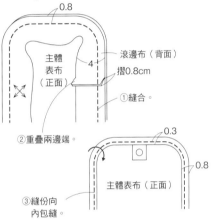

0.8

主體
表布
（正面）

滾邊布（背面）

4

摺0.8cm

①縫合。

②重疊兩邊端。

0.3

主體表布（正面）

0.8

③縫份向
內包縫。

〈29〉3 於塑膠材質口袋上車縫拉鍊

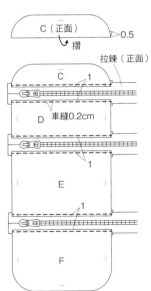

C（正面）

0.5

摺

拉鍊（正面）

C

1

D 車縫0.2cm

1

E

1

F

〈29〉4 將塑膠材質口袋車縫於裡布上

重疊

塑膠材質口袋
（正面）

塑膠材質口袋
（正面）

於車線上
再一次車縫

主體裡布（正面）

〈29〉5 縫合表布與裡布

釦絆

剪掉

背面相對

主體裡布
（正面）

主體表布
（背面）

車縫四周0.4cm

完成圖〈28〉

※摺疊三褶

10

13.6

※四周滾邊處理方法與
〈28〉－6以同樣方式縫合。

完成圖〈29〉

裝飾鈕釦

10

13.6

30

輕巧方便帶著走
有手把的支架口金
袋中袋

有手把的大容量袋中袋，想要稍微出門一下時也非常適
合攜帶。
How to make P.58
design & make：dekobo工房 くぼでらようこ

收納度高的
大容量款

31

看得一清二楚的大容量
多功能波奇包

有著5cm寬的側身，內容物看得一清二楚的大容量。為了使側
身與主體容易縫合，表布角度的轉彎處設計為圓潤的圓弧形。

How to make P.59　design & make：flico 岡田桂子
素材提供／亞麻・羅緞織紋布…オカダヤ新宿本店
　　　　Liberty PRINT英式碎花…メルシー

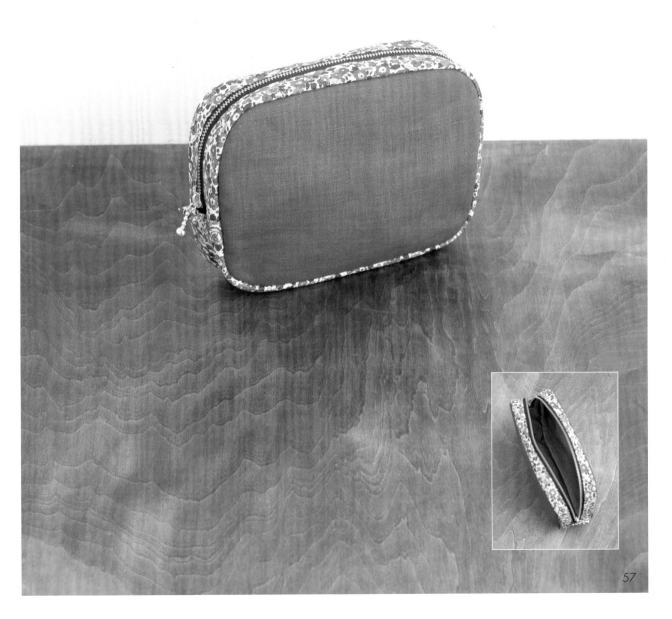

30
有手把的支架口金 袋中袋

< P.56 >

◆ 完成尺寸
橫19×直16×側身12cm（不含手把）

◆ 材料
11號帆布（印花）… 35×40cm
丹寧布 … 35×15cm
斜紋布（深藍色）… 85×30cm
合成皮 … 6×3.5cm
布襯 … 35×40cm
長40cm的金屬拉鍊 … 1條
橫2.2cm的藍色織帶 … 32cm2條
支架口金（橫18×高6cm）… 1組

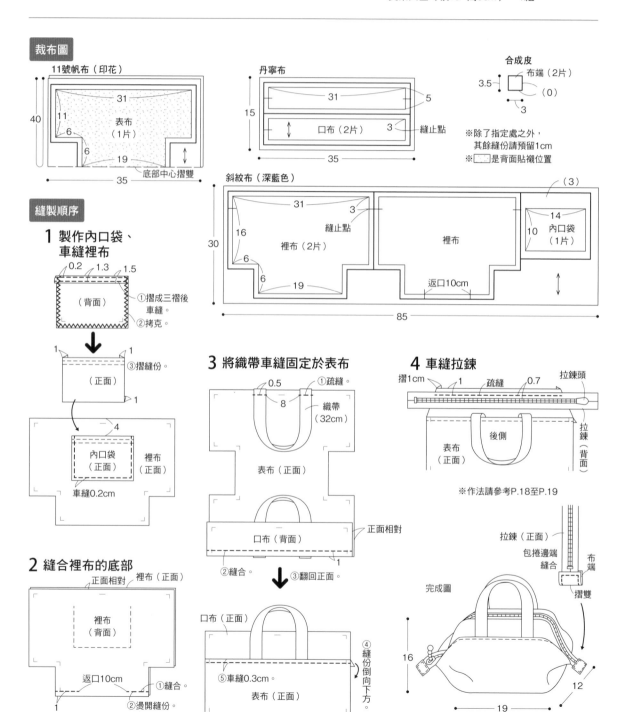

58

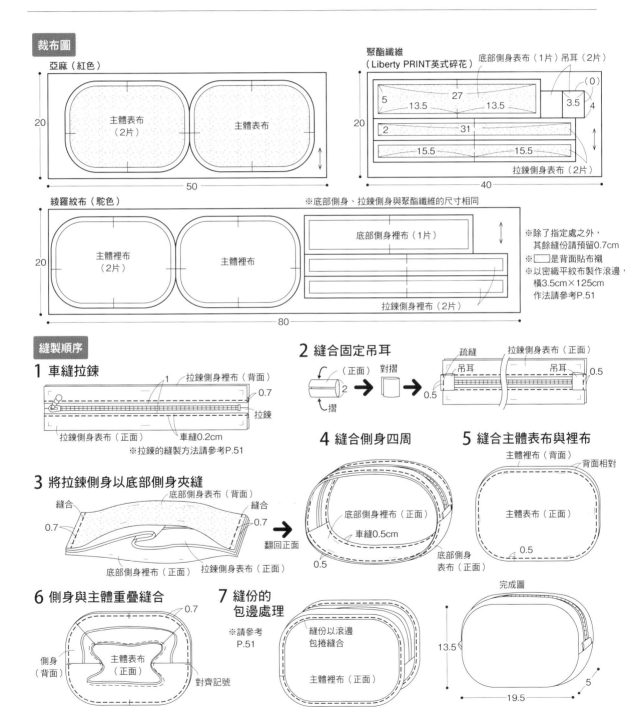

31

多功能波奇包

< P.57 >

◆ **完成尺寸**
横19.5×直13.5×側身5cm

◆ **原寸紙型**
[31]-1主體

◆ **材料**
亞麻（紅色）… 50×20cm
聚酯纖維（Liberty PRINT英式碎花）
… 40×20cm
綾羅紋布（駝色）… 80×20cm
密織平紋布（駝色）… 45×30cm
布襯 … 80×20cm
長30cm的金屬拉鍊 … 1條

裁布圖

亞麻（紅色）

主體表布（2片）

主體表布

20

50

聚酯纖維
（Liberty PRINT英式碎花）　底部側身表布（1片）吊耳（2片）

5　13.5　27　13.5　（0）　3.5　4

2　31

15.5　15.5

拉鍊側身表布（2片）

20

40

綾羅紋布（駝色）

主體裡布（2片）

主體裡布

底部側身裡布（1片）

20

拉鍊側身裡布（2片）

80

※底部側身、拉鍊側身與聚酯纖維的尺寸相同

※除了指定處之外，
其餘縫份請預留0.7cm
※□是背面貼布襯
※以密織平紋布製作滾邊，
横3.5cm×125cm
作法請參考P.51

縫製順序

1 車縫拉鍊

1　拉鍊側身裡布（背面）
0.7
拉鍊

拉鍊側身表布（正面）　車縫0.2cm
※拉鍊的縫製方法請參考P.51

2 縫合固定吊耳

（正面）　對摺　疏縫　拉鍊側身表布（正面）
2　吊耳　吊耳　0.5
摺　0.5
0.5

3 將拉鍊側身以底部側身夾縫

縫合　底部側身表布（背面）　縫合
0.7　0.7
翻回正面
底部側身裡布（正面）　拉鍊側身表布（正面）

4 縫合側身四周

底部側身裡布（正面）
車縫0.5cm
0.5　底部側身表布（正面）

5 縫合主體表布與裡布

主體裡布（背面）　背面相對
主體表布（正面）
0.5

6 側身與主體重疊縫合

0.7
側身（背面）　主體表布（正面）　對齊記號

7 縫份的包邊處理

※請參考P.51

縫份以滾邊包捲縫合
主體裡布（正面）

完成圖
13.5
19.5　5

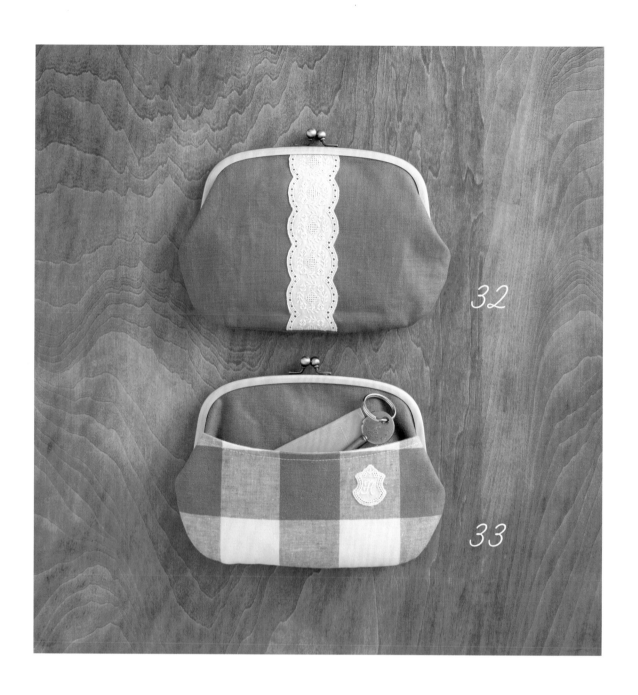

32

33

明信片與手冊也可以放入
金屬口金波奇包

橫18cm的櫛型口金,袋口可以張大開口,連明信
片與手冊都能輕輕鬆鬆收納起來。外口袋裡可以放
筆之類的小物,看起來相當方便。

How to make P.62
design & make:mii-poche 米田亜里
口金／角田商店

34

可以取下來的手把吊繩更加方便
開蓋式拉鍊波奇包

只是裝上手把吊繩,穿過吊繩掛在手腕上,就能輕輕鬆鬆跨步向前走,非常便利。拉鍊開口設計在袋蓋上,也能扮演防止竊盜的角色。

How to make P.63　design & make:flico 岡田桂子
素材提供/表布材質…松尾捺染、裡布材質…オカダヤ新宿本店

32·33
多功能金屬口金波奇包

< P.60 >

◆ **完成尺寸**

橫21×直14.5（不包含口金頭）

◆ **原寸紙型**

[32・33]-1主體、[33]-2口袋

③② ◆ **材料**

亞麻（灰藍色）… 28×36cm
棉布（直條紋圖案）… 45×36cm
布襯 … 73×36cm
寬4cm的蕾絲 … 16cm
金屬口金（18×7.5cm／F32
／角田商店）… 1個（No.33）
紙繩 … 適量

③③ ◆ **材料**

亞麻（灰藍色）… 28×36cm
棉麻（格子圖案）… 56×32cm
粗斜紋布 … 45×36cm
布襯 … 75×70cm
蕾絲飾片 … 1片
金屬口金（18×7.5cm／F32
／角田商店）… 1個
紙繩 … 適量

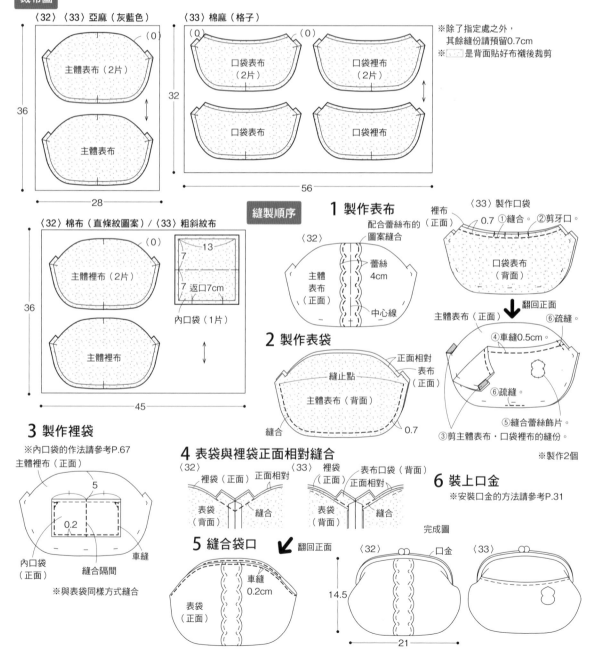

34 開蓋式拉鍊波奇包

< P.61 >

◆ 完成尺寸

橫26×直16.5cm

◆ 材料

牛津布（紫紅色）… 40×30cm
牛津布（玫瑰圖案）… 30×20cm
厚棉布（淡紅豆色）… 70×20cm
布襯 … 60×20cm
長25cm的金屬拉鍊 … 1條
直徑2.1cm的金屬雞眼釦環（SUN11-122）… 1組
內徑1.5cm的問號鉤 … 1個（可以鉤進金屬環裡）

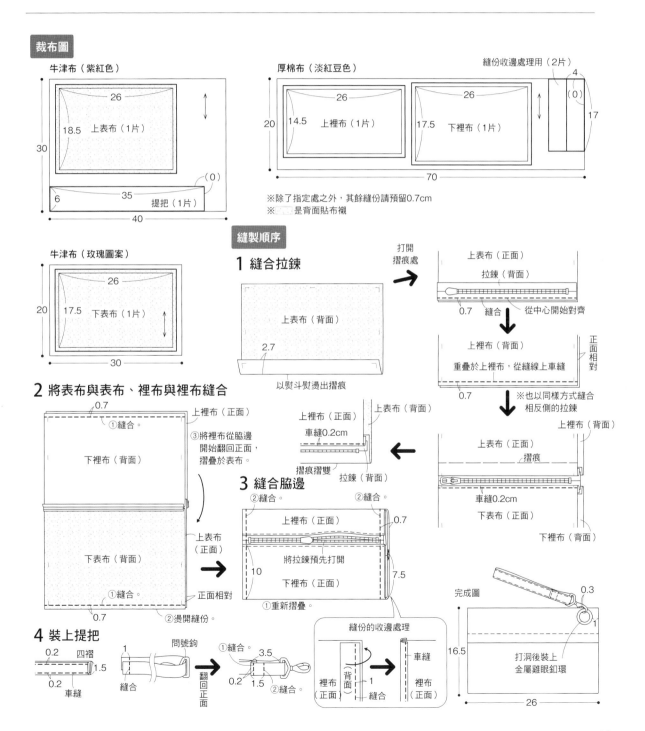

63

35

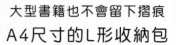

大型書籍也不會留下摺痕
A4尺寸的L形收納包

A4尺寸的透明資料夾也能輕輕鬆鬆收納進去的大口袋、
前方還有剛剛好放入A6尺寸的隔間，接著最前面設計為
可以插入卡片的卡夾。

How to make P.66
design & make：mini-poche 米田亜里

36

卡片與存摺看得清楚＆整理方便
L形收納包

手冊、存摺、明信片也可以乾淨俐落分類收納。口袋
部分也剛剛好可以用來收納筆記用具與便條本。

How to make P.67
design & make：mini-poche 米田亜里

35

A4尺寸的L形收納包

< P.64 >

◆ **完成尺寸**
横35×直27cm

◆ **原寸紙型**
[35]-1主體

◆ **材料**
麻布（土耳其藍）… 40×60cm
棉布（北歐圖案）… 9.5×28.7cm
棉布（點點圖案）… 80×80cm
布襯 … 80×120cm
長60cm的ビスロン®尼龍拉鍊 … 1條
雙面膠襯 … 7.5×29cm

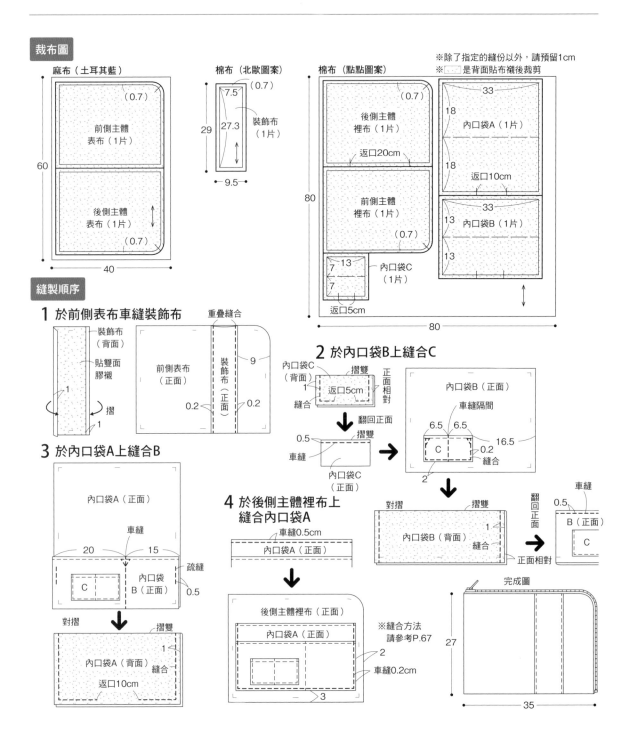

裁布圖

縫製順序

1 於前側表布車縫裝飾布

2 於內口袋B上縫合C

3 於內口袋A上縫合B

4 於後側主體裡布上縫合內口袋A

※縫合方法請參考P.67

完成圖

36
L形收納包

< P.65 >

◆ 材料

棉布（鳥圖案）… 35×22cm
棉布（直紋圖案）… 50×30cm
布襯 … 35×22cm
長30cm的金屬拉鍊 … 1條

◆ 完成尺寸

橫13×直18cm

◆ 原寸紙型

[36]-1主體

裁布圖

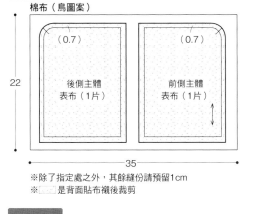
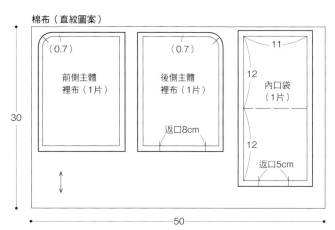

※除了指定處之外，其餘縫份請預留1cm
※ ▦ 是背面貼布襯後裁剪

縫製順序

1 於內口袋縫合裡布
2 縫合拉鍊
3 主體表布與表布、裡布與裡布縫合固定

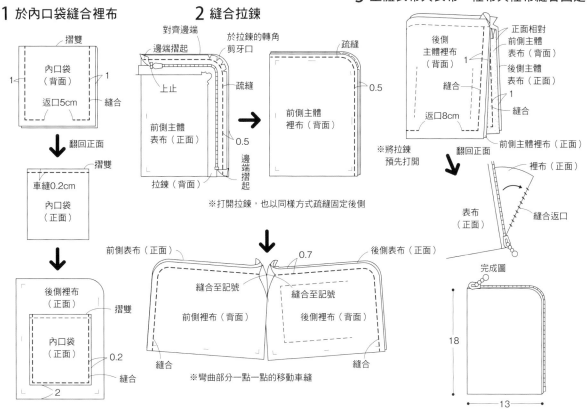

以零碼布作的
迷你款

37

宛如一個托特包的迷你小模型
彈簧片波奇包

托特包的迷你小尺寸,迷你模型波奇包。裝一點糖果,帶著散散步,輕巧可愛的小小波奇包,令人心情變得更愉快。

How to make P.70
design & make：komihinata 杉野未央子

38

OK繃與藥品的收納整理
迷你急救包

將常常會散落一地的OK繃與藥品,以小包包
方式收納。為了收取方便,設計成為寬鬆的
內口袋。脇邊車縫側身襠布,可以預防開口
太大。

How to make P.71
design & make:mini-poche 米田亜里　口金／角田商店

37
彈簧片波奇包
< P.68 >

◆ 完成尺寸
橫7×直8×側身5cm（不含手把）

◆ 材料
11號帆布（原色）… 13.4×22.4cm
棉布（水藍色）… 13.4×12.4cm
棉布（點點圖案）… 25×25cm
布襯 … 13.4×22.4cm
寬12cm的彈簧片口金 … 1組
直徑1.3cm的裝飾鈕釦 … 1個

裁布圖

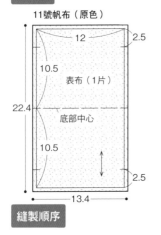

11號帆布（原色）

12　2.5
10.5
表布（1片）
22.4
底部中心
10.5
2.5
13.4

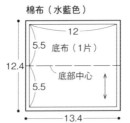

棉布（水藍色）

12
5.5　底布（1片）
12.4
底部中心
5.5
13.4

棉布（點點圖案）

12　2.5
10.5
裡布（1片）
25
底部中心
10.5
2.5

4
提把
提把（1片）
21
（0）

25

※除了指定處之外，其餘縫份請預留0.7cm
※▨▨▨是背面貼布襯

縫製順序

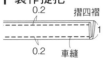

1 製作提把
0.2　摺四褶
1
0.2　車縫

2 於表布疊上底布縫合

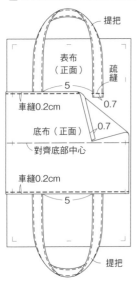

提把
表布（正面）　疏縫
5
車縫0.2cm　0.7
底布（正面）　0.7
對齊底部中心
車縫0.2cm
5
提把

3 表布與裡布縫合

0.7
縫合
※避開提把
正面相對
表布（正面）
裡布（背面）
縫合
0.7

4 縫合脇邊

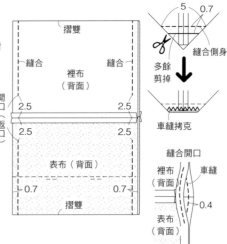

摺雙
縫合　縫合
裡布（背面）
開口（返口）
2.5　2.5
2.5　2.5
表布（背面）
0.7　0.7
摺雙

5　0.7
縫合側身
多餘剪掉
車縫拷克

縫合開口
裡布（背面）　車縫
0.4
表布（背面）

5 翻回正面通過彈簧片縫合

2.5
車縫
立起提把一起縫合

6 裝上彈簧片口金

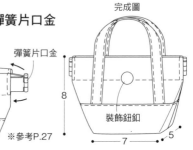

彈簧片口金
※參考P.27

完成圖
8
裝飾鈕釦
7　5

38
迷你急救包
< P.69 >

◆ 完成尺寸
橫10.5×直5.5cm（不含口金頭）

◆ 原寸紙型
[38]-1主體、2內口袋

◆ 材料
棉布（千鳥格圖案）… 14×13cm
棉布（水藍色）… 15×21cm
布襯 … 30×21cm
橫2cm的織帶（青色）… 12cm
金屬口金（10.5×5.4cm／F22／角田商店）
　　… 1個
紙繩 … 適量

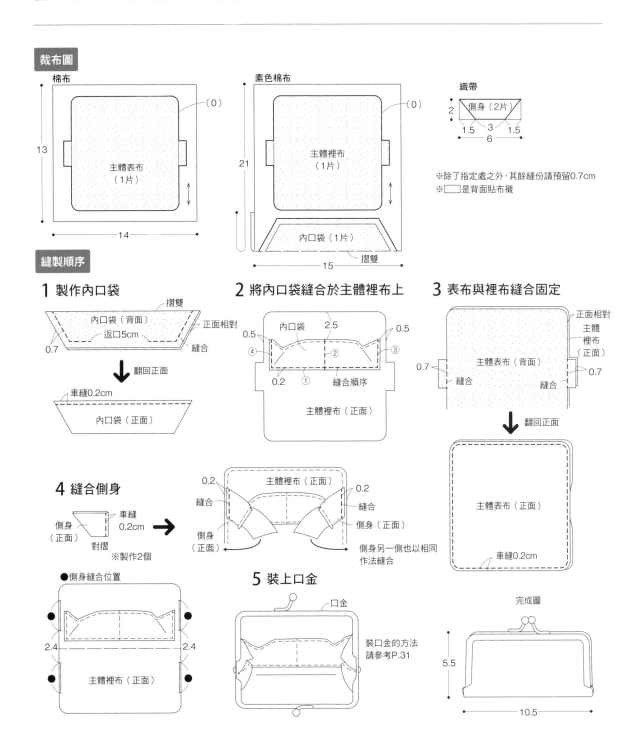

裁布圖

棉布

主體表布（1片）

13

14

（0）

素色棉布

主體裡布（1片）

21

內口袋（1片）

15

摺雙

（0）

織帶

側身（2片）

2

1.5　3　1.5

6

※除了指定處之外，其餘縫份請預留0.7cm
※□是背面貼布襯

縫製順序

1 製作內口袋
摺雙
內口袋（背面）
返口5cm
正面相對
0.7
縫合
翻回正面
車縫0.2cm
內口袋（正面）

2 將內口袋縫合於主體裡布上
內口袋　2.5
0.5　　　　0.5
④　　②　　③
0.2　①　縫合順序
主體裡布（正面）

3 表布與裡布縫合固定
正面相對
主體裡布（正面）
主體表布（背面）
0.7　縫合　　縫合　0.7
翻回正面
主體表布（正面）
車縫0.2cm

4 縫合側身
側身（正面）
車縫0.2cm
對摺
※製作2個
0.2
主體裡布（正面）
0.2
縫合
縫合
側身（正面）
側身（正面）
側身另一側也以相同作法縫合

●側身縫合位置
2.4　　2.4
主體裡布（正面）

5 裝上口金
口金
裝口金的方法請參考P.31

完成圖
5.5
10.5

化妝用、旅行用、作為錢包使用也很適合，
這裡介紹多款值得推薦的波奇包。

39

摺出許多褶子後容量變更大
化妝波奇包

搭配上配色布，摺出許多褶子的設計容量也變更
大。加上喜愛的蕾絲與鈕釦裝飾，可愛滿點。

How to make P.74
design & make：dekobo工房 くぼでらようこ

Makeup porch
化妝波奇包

40

清新爽朗的蕾絲材質
圓形化妝波奇包

高度約有15cm，高一點的物件也能裝
入。藍色底的素材重疊上蕾絲，給人清
新爽朗的清潔感。

How to make P.75
design & make：dekobo工房 くぼでらようこ

39
化妝波奇包

< P.72 >

◆ 材料

棉布（SOULEIADO印花布）… 35×30cm
棉布（茶色）… 55×30cm
布襯 … 55×30cm
寬3cm的蕾絲 … 23cm
長20cm的FLATKNIT®平織拉鍊 … 1條
直徑1cm的裝飾鈕釦 … 1個

◆ 完成尺寸

橫21×直15×側身6cm

※除了指定處之外，其餘縫份請預留0.7cm
※▨是背面貼布襯

裁布圖

棉布（SOULEIADO印花布）

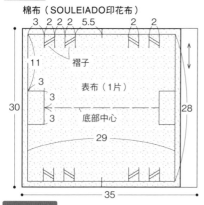

棉布（茶色）

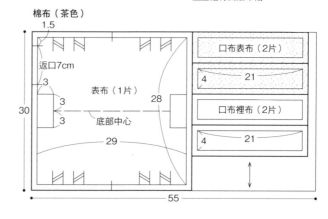

縫製順序

1 將蕾絲縫合於前側口布

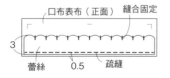

2 摺褶子

※與正面的褶子方向相反

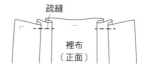

3 縫合表布與口布

※也以相同方式縫合裡布

4 縫合拉鍊

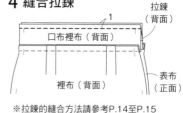

※拉鍊的縫合方法請參考P.14至P.15

5 縫合側面脇邊

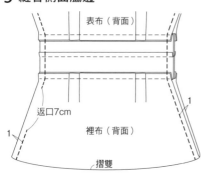

6 縫合側身

①燙開。
④倒向底側。
③剪掉多餘縫份。
②縫合。

※也以相同方式縫其餘三個角落

7 翻回正面並縫合返口處

完成圖

40
圓形化妝波奇包
< P.73 >

◆ **材料**
圓形蕾絲布 … 40×10cm
亞麻（白色）… 50×15cm
棉布（青色）… 50×25cm
長20cm的FLATKNIT® 平織拉鍊 … 1條
橫1.6cm的綾羅紋緞帶 … 57cm
飾片 … 1個

◆ **完成尺寸**
橫15×直約15×側身6cm

◆ **原寸紙型**
[40]-1上主體、2下主體

裁布圖

圓形蕾絲布

10

上主體表布（2片）　　上主體表布

40

亞麻（白色）

15

下主體表布（2片）　　下主體表布

50

棉布（青色）

（0）　拉鍊端布（2片）

25

上主體裡布（2片）　　5　上主體裡布（2片）

2.5

下主體裡布（2片）　　下主體裡布（2片）

返口8cm

50

※除了指定處之外，其餘縫份請預留1cm

縫製順序

1 將邊端布縫合於拉鍊

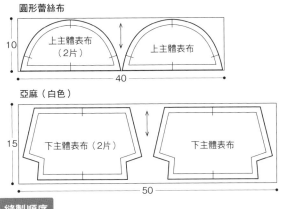

0.5　中心　0.5　車縫
拉鍊（正面）
0.2
☐ 將邊端布對摺

2 縫合拉鍊

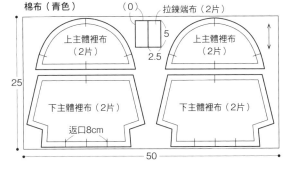

對齊記號
上裡布（正面）
夾縫拉鍊
上表布（背面）
1
縫合
翻回正面
車縫0.2cm
上表布（正面）
※也以相同方式縫合相反側

3 製作下表袋與下裡袋

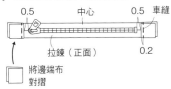

正面相對　下裡布（正面）
②縫合脇邊。
1　下裡布（背面）　1
返口8cm
①縫合底部。
1
燙開縫份

燙開縫份　下裡布（背面）
1　③縫合側身。
※也以相同方式縫合下表布，但是不必預留返口

4 將緞帶縫合於下表袋

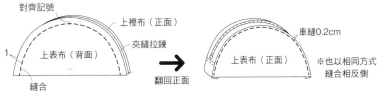

1　疏縫
3
0.5
下表袋（正面）
緞帶（27cm）
1.6
緞帶（30cm）

5 將上部分縫合於表袋

疏縫　0.5
下表袋（背面）
上裡布（正面）
打開拉鍊　表袋（正面）

6 縫合固定裡袋

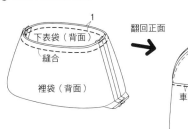

1
下表袋（背面）
縫合
裡袋（背面）

翻回正面

車縫0.3cm
表袋（正面）
※縫合返口處

7 完成製作

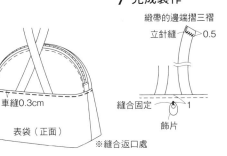

緞帶的邊端摺三褶
立針縫　0.5
縫合固定
1
飾片

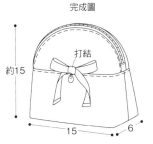

完成圖
打結
約15
15　6

41

瓶子也能直立放入
圓底束口波奇包

化妝水等有高度的瓶子，可以直接裝入的直立
式長型設計。用於長期旅行時也非常推薦。製
作成橢圓形的底部，可以安穩地站立著。

How to make P.78
design & make：sewsew 新宮麻里

42

外加方便的面紙袋
袋蓋式波奇包

小巧的化妝波奇包,稍微出門一下時,剛剛好可
以裝一些必備用品的便利尺寸。後側有一個收納
面紙的口袋,可說是十分聰明的設計。

How to make P.79
design & make:Needlework Tansy 青山惠子
提供素材/Needlework Tansy

圓底束口波奇包

< P.76 >

◆ **完成尺寸**
橫17×直25×側身13cm

◆ **原寸紙型**
[41]-1底部

◆ **材料**
緹花布（直條紋）… 60×30cm
棉布（花樣圖案）… 20×20cm
棉布（駝色）… 80×30cm
布襯 … 40×20cm
綁繩（銀色）… 170cm
大孔塑膠裝飾珠 … 2個

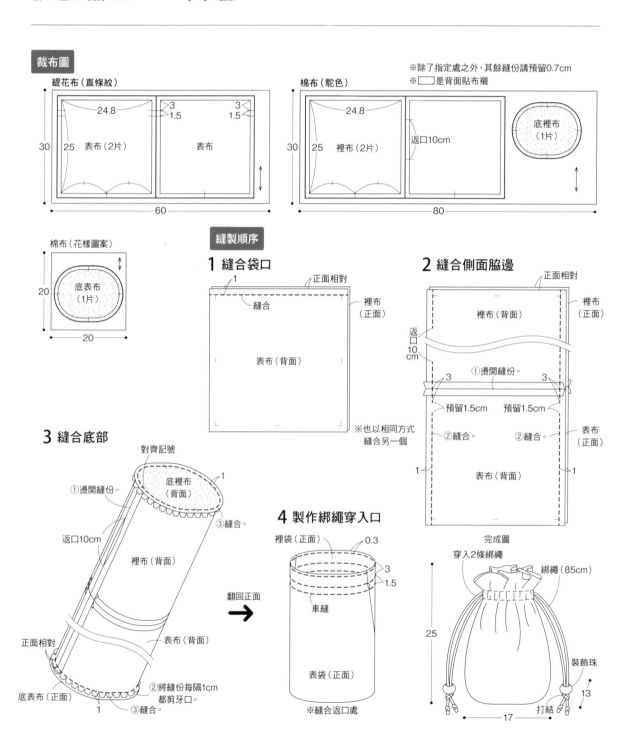

裁布圖

※除了指定處之外，其餘縫份請預留0.7cm
※[   ]是背面貼布襯

緹花布（直條紋）
24.8
3
1.5
3
1.5
30
25
表布（2片）
表布
60

棉布（駝色）
24.8
30
25
裡布（2片）
返口10cm
底裡布（1片）
80

棉布（花樣圖案）
20
底表布（1片）
20

縫製順序

1 縫合袋口
1
正面相對
縫合
裡布（正面）
表布（背面）
※也以相同方式縫合另一個

2 縫合側面脅邊
正面相對
裡布（背面）
裡布（正面）
返口10cm
①燙開縫份。
3
3
預留1.5cm
預留1.5cm
②縫合。
②縫合。
表布（正面）
1
表布（背面）
1

3 縫合底部
對齊記號
底裡布（背面）
1
①燙開縫份。
③縫合。
返口10cm
裡布（背面）
正面相對
表布（背面）
底表布（正面）
②將縫份每隔1cm都剪牙口。
1
③縫合。

翻回正面 ➡

4 製作綁繩穿入口
裡袋（正面）
0.3
3
1.5
車縫
表袋（正面）
※縫合返口處

完成圖
穿入2條綁繩
綁繩（85cm）
25
裝飾珠
13
打結
17

42
袋蓋式波奇包

< P.77 >

◆ **材料**

棉麻（雛菊圖案）… 20×40cm
棉麻（青色）… 20×45cm
棉布（雛菊圖案）… 18×29cm
接著鋪棉… 20×26cm
橫2cm的蕾絲… 6cm
直徑1.5cm的手縫暗釦… 1組
標籤… 1片
25號繡線（紅色）… 適量

◆ **完成尺寸**

橫9×直11×側身7cm

◆ **原寸紙型**

[42]-1袋蓋

裁布圖

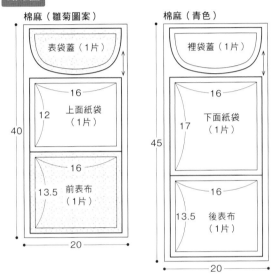

※除了指定處之外，其餘縫份請預留0.7cm
※ ▭ 是背面貼布襯

縫製順序

1 製作袋蓋

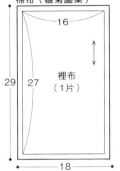

2 製作後側

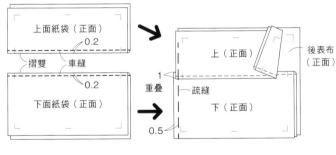

3 縫合前側與後側

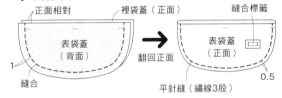

4 製作裡袋

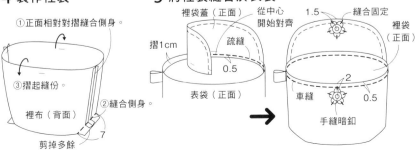

5 將裡袋縫合於表袋

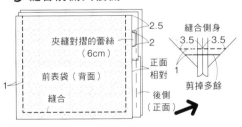

完成圖

43

収納能力超群，附有2個內口袋
手提化妝包

大容量的化妝包，必然非手提化妝包莫屬。旅行用或
放在家裡使用，肯定都能十分便利。

How to make P.82
design & make：yu*yu おおのゆうこ

蓋子輕易就能打開，內容物也看得一清二楚，必要的物品馬上可以取出。還有兩個內口袋，髮夾等小物也都能整整齊齊的收納擺放。

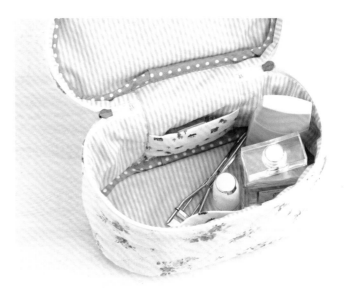

43
手提化妝包
< P.80 >

◆ **完成尺寸**
橫18×直約15×側身10cm

◆ **原寸紙型**
[43]-1袋蓋・底部、2手把、
3拉鍊側身、4側面

◆ **材料**
鋪棉布料（花朵圖案）… 55×30cm
鋪棉布料（格子圖案）… 25×30cm
棉布（直條紋）… 65×30cm
棉布（花朵圖案）… 21.4×15cm
長40cm的雙頭拉鍊… 1條
橫3cm的帶縫份滾邊條… 110cm

裁布圖

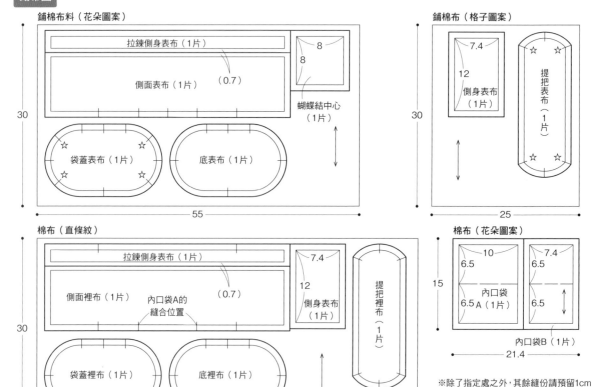

※除了指定處之外，其餘縫份請預留1cm

縫製順序

1 將提把縫合於袋蓋

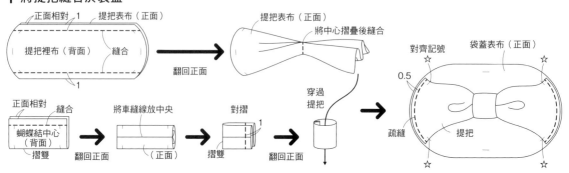

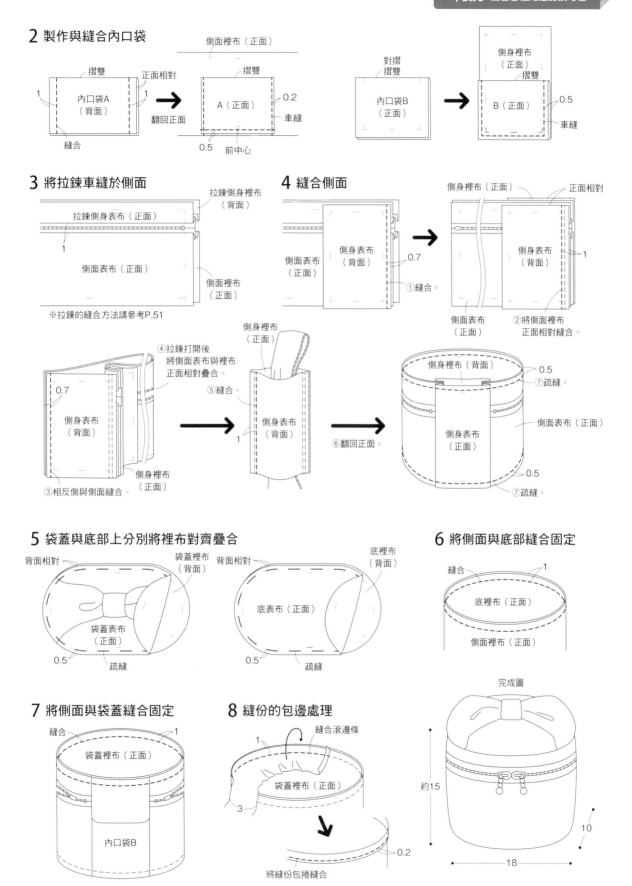

2 製作與縫合內口袋

摺雙　正面相對
內口袋A（背面）
1　1
縫合
→
翻回正面

側面裡布（正面）
摺雙
A（正面）
0.2
車縫
0.5　前中心

對摺摺雙
內口袋B（正面）
→

側身裡布（正面）
摺雙
B（正面）
0.5
車縫

3 將拉鍊車縫於側面

拉鍊側身裡布（背面）
拉鍊側身表布（正面）
1
側面表布（正面）
側面裡布（正面）

※拉鍊的縫合方法請參考P.51

4 縫合側面

側身裡布（正面）　正面相對
側面表布（正面）
側身表布（背面）
0.7
①縫合。
→
側面表布（正面）
側身表布（背面）
1
②將側面裡布正面相對縫合。

④拉鍊打開後將側面表布與裡布正面相對疊合。
⑤縫合。
0.7
側身表布（背面）
1
③相反側與側面縫合。
側身裡布（正面）
→

側身裡布（正面）
側身表布（背面）
1
⑥翻回正面。
→

側身裡布（背面）
0.5
⑦疏縫。
側身表布（正面）
側面表布（正面）
0.5
⑦疏縫。

5 袋蓋與底部上分別將裡布對齊疊合

背面相對
袋蓋裡布（背面）
袋蓋表布（正面）
0.5　疏縫

背面相對
底裡布（背面）
底表布（正面）
0.5　疏縫

6 將側面與底部縫合固定

縫合　1
底裡布（正面）
側面裡布（正面）

7 將側面與袋蓋縫合固定

縫合　1
袋蓋裡布（正面）
內口袋B

8 縫份的包邊處理

1　縫合滾邊條
袋蓋裡布（正面）
3
0.2
將縫份包捲縫合

完成圖
約15
10
18

旅行波奇包

44

能夠隔開物件
雙重拉鍊波奇包

襪子與內衣等換洗衣物，能夠分開來裝，十分便利
的波奇包。以帆布的材質製成，而且非常堅固耐
用。

How to make P.86　design & make：flico 岡田桂子

45

輕鬆拿取的
箱形波奇包

毛巾與換洗衣物等也能裝進去的大容量箱
形波奇包。前側以相同的布材縫合手把,
可以將手穿過手把,輕鬆帶著走。

How to make P.87
design & make:yu*yu おおのゆうこ

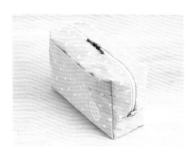

44

雙重拉鍊波奇包

< P.84 >

◆ **材料**

8號帆布（原色）… 90×30cm
横3cm的合成皮 … 4.5cm
長25cm的ビスロン®尼龍拉鍊 … 2條
國旗風格飾片標籤（3×1cm）… 1個

◆ **完成尺寸**

横26×直26cm

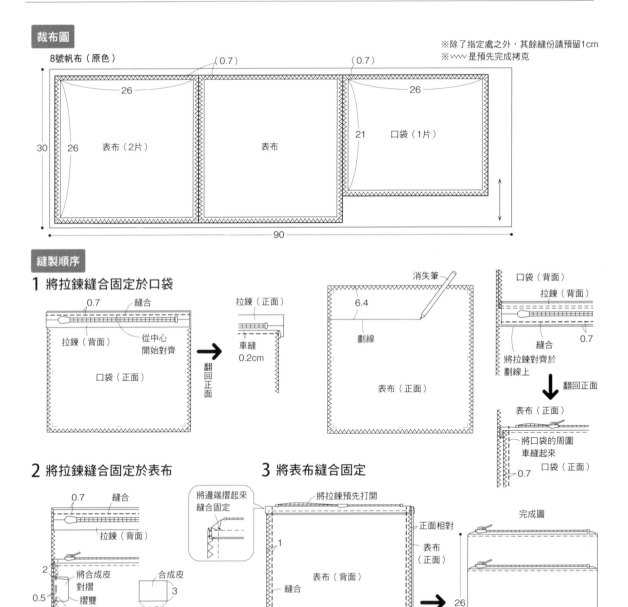

86

45
箱形波奇包
< P.85 >

◆ **材料**

厚棉布（點點圖案）… 45×50cm
厚棉布（水藍色）… 24×7cm
棉布（花朵圖案）… 45×50cm
棉麻布（素色）… 24×22cm
長40cm的雙頭拉鍊… 1條
蕾絲飾片… 1片
橫1.2cm的緞帶… 12cm
橫3cm的滾邊條… 90cm

◆ **完成尺寸**

橫22×直14×側身8cm

裁布圖

※除了指定處之外，
其餘縫份請預留1cm

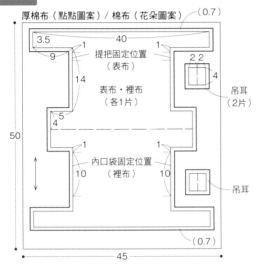

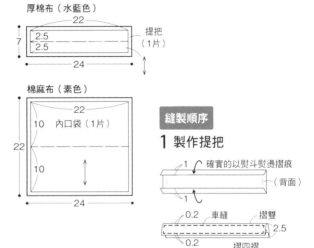

縫製順序

1 製作提把

確實的以熨斗熨燙摺痕
（背面）
0.2 車縫 摺雙
0.2 摺四褶 2.5

2 將提把固定於表布

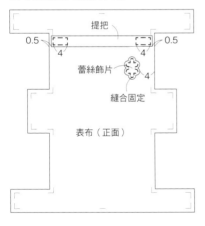

提把
0.5   4   4   0.5
蕾絲飾片
4
縫合固定
表布（正面）

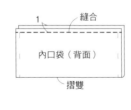

1 縫合
內口袋（背面）
摺雙

3 將內口袋縫合固定於裡布

裡布（正面）
翻回正面
0.2
0.5   內口袋（正面）   0.5
12   12
摺雙   車縫

4 製作吊耳

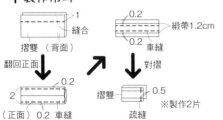

1 縫合
摺雙（背面）
翻回正面
0.2
2 （正面）0.2 車縫
0.2 緞帶1.2cm
0.2 車縫
對摺
摺雙   0.5
疏縫
※製作2片

※製作完成方法請參考P.39
請以滾邊條包邊處理縫份

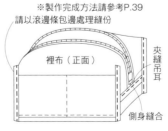

裡布（正面）
夾縫吊耳
側身縫合

完成圖

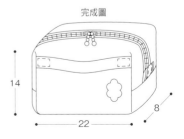

14
22   8

46

能夠掛在脖子上，十分安心
護照&票券袋

將護照&票券等貴重物品掛在脖子上，隨身攜帶
寸步不離十分安心。長度可以調整，也能夠用來
斜背。

How to make P.90
design & make：Needlework Tansy 青山惠子
提供素材／Needlework Tansy

49

48

50

47

也能用來保冷保溫
三角飯糰波奇包

三角造型非常可愛討喜的飯糰波奇包。
內層布使用四層構造的鋁箔墊，無論保
溫或保冷都沒問題，拿來洗滌也OK。

How to make P.91
design & make：yu*yu おおのゆうこ

46

護照&票券袋

< P.88 >

◆ **完成尺寸**

橫12.5×直21cm

◆ **材料**

棉布（迷彩圖案）… 92×12.5cm

厚布襯 … 92×12.5cm

魔鬼氈膠帶 … 2.5×10cm

橫1.2cm的飾邊滾邊條 … 60cm

標籤 … 1片

蠟繩 … 130cm

豬鼻釦 … 1個

橫1.5cm的緞帶 … 8cm

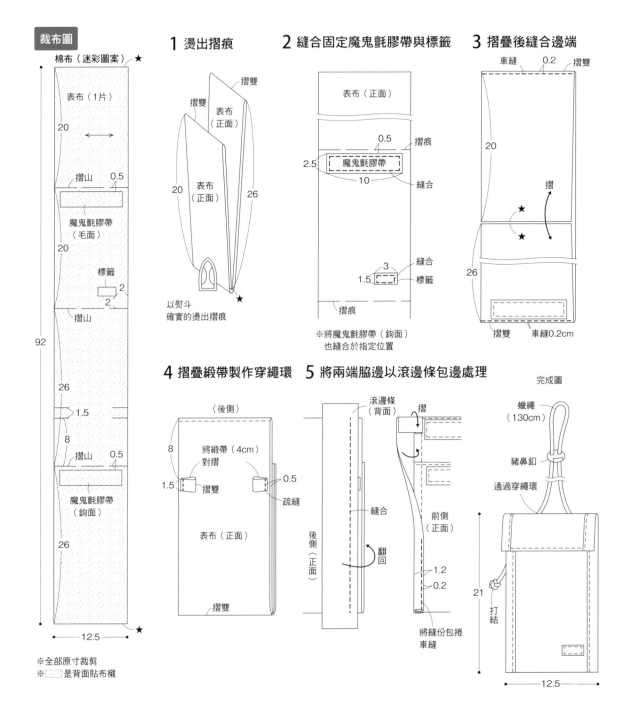

裁布圖

棉布（迷彩圖案）★

表布（1片）

20

摺山　0.5

魔鬼氈膠帶（毛面）

20

標籤　2

2

摺山

92

26

1.5

8

摺山　0.5

魔鬼氈膠帶（鉤面）

26

12.5 ★

※全部原寸裁剪

※ 是背面貼布襯

1 燙出摺痕

摺雙

摺雙

表布（正面）

表布（正面）

20

表布（正面）

26

以熨斗確實的燙出摺痕 ★

2 縫合固定魔鬼氈膠帶與標籤

表布（正面）

0.5　摺痕

2.5　魔鬼氈膠帶　縫合

10

縫合

3

1.5　標籤

摺痕

※將魔鬼氈膠帶（鉤面）也縫合於指定位置

3 摺疊後縫合邊端

車縫　0.2　摺雙

20

摺

26

摺雙　車縫0.2cm

4 摺疊緞帶製作穿繩環

〈後側〉

8　將緞帶（4cm）對摺

1.5　摺雙　0.5　疏縫

表布（正面）

摺雙

5 將兩端脇邊以滾邊條包邊處理

滾邊條（背面）　摺

縫合

後側（正面）　翻回

前側（正面）

1.2

0.2

將縫份包捲車縫

完成圖

蠟繩（130cm）

豬鼻釦

通過穿繩環

21

打結

12.5

47 · 48 · 49 · 50
三角飯糰波奇包
< P.89 >

◆ **材料（1個的用量）**
棉布（飯糰圖案／英文字母圖案）… 20×30cm
棉布（格子圖案／英文字母圖案）… 15×30cm
保溫保冷墊 … 35×30cm
長26cm的雙頭拉鍊 … 1條
橫1.8cm的帶縫份滾邊條 … 70cm
橫1.5cm的緞帶 … 12cm

◆ **完成尺寸**
橫10×直9×側身10cm

◆ **原寸紙型**
[47至50]-1側面

裁布圖

※請預留0.7cm縫份

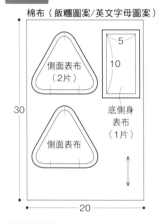

棉布（飯糰圖案/英文字母圖案）
側面表布（2片）
側面表布
底側身表布（1片）
5
10
30
20

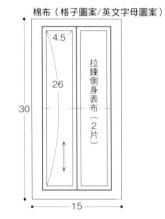

棉布（格子圖案/英文字母圖案）
拉鍊側身表布（2片）
4.5
26
30
15

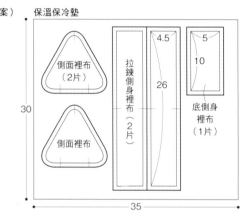

保溫保冷墊
側面裡布（2片）
側面裡布
拉鍊側身裡布（2片）
底側身裡布（1片）
4.5
26
5
10
30
35

縫製順序

1 將拉鍊縫合固定於拉鍊側身布
拉鍊側身裡布（背面）
疏縫
拉鍊側身表布（正面）
0.5
將緞帶（6cm）對摺
摺雙
※拉鍊的縫合方法請參考P.51

2 縫合底部側身
底側身裡布（正面）
側身裡布（正面）
0.5
底側身表布（背面）
0.7
拉鍊側身表布（正面）
縫合
※縫合方法請參考P.83
底側身裡布（背面）
拉鍊
底側身表布（正面）
疏縫0.5cm
拉鍊側身表布（正面）

3 縫合固定側面表布與裡布
側面裡布（背面）
背面相對
側面表布（正面）
0.5
疏縫

4 縫合固定側面與側面脇邊
縫合
0.7
縫合
正面相對
0.7
側面裡布（正面）
拉鍊側身裡布（正面）
0.2
0.8
將縫份包捲縫合

5 縫份包邊處理
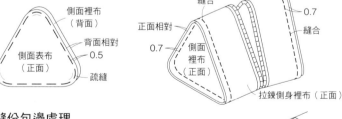

拉鍊側身裡布（正面）
滾邊條（背面）
0.5
縫合

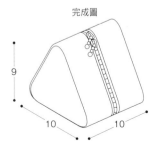
完成圖
9
10
10

51

換上手把就能夠掛在椅背使用
附帶手把的大波奇包

手把使用釘釦可以自由自在取下。可以掛在椅背
上、或用在車座上,也可以放在行李箱上的拉桿旅
行包⋯⋯依照自己的想像,使用方法無極限!

How to make P.94
design & make:sewsew 新宮麻里

於口袋設計上，分為前側有拉鍊口袋、後側是
一分為二的隔間口袋，無論廣告傳單還是地圖
都能盡情收納。

51

附帶手把的大波奇包

< P.92 >

◆ **完成尺寸**

橫36×直24cm

◆ **材料**

厚棉麻帆布（起司圖案）
　… 100×40cm
牛津布（灰色）… 80×60cm
布襯 … 40×30cm
長35cm的拉鍊 … 2條
直徑1.5cm的釘釦 … 4組

橫1.1cm的飾邊滾邊條 … 60cm
花形飾珠 … 2個
大飾珠 … 1個
直徑0.2cm的綁繩 … 40cm

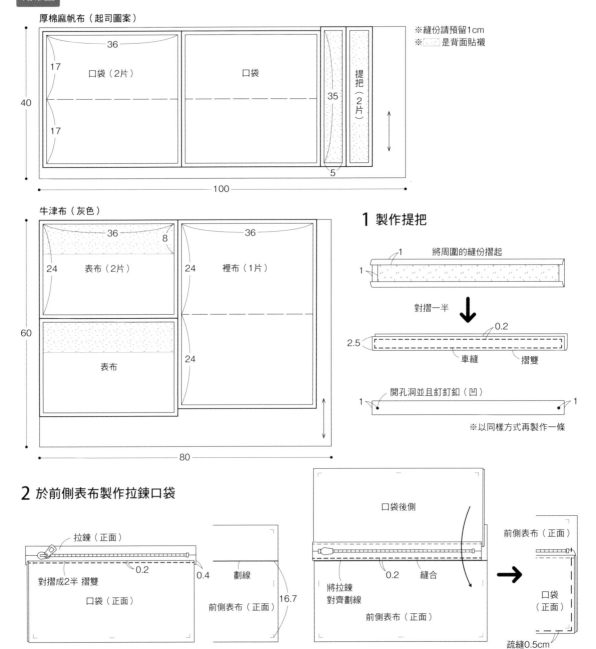

裁布圖

厚棉麻帆布（起司圖案）

※縫份請預留1cm
※[　　]是背面貼襯

口袋（2片）　36　17　17
口袋
提把（2片）　35
40　100　5

牛津布（灰色）

表布（2片）　36　8　24
裡布（1片）　36　24
表布　24
60　80

1 製作提把

將周圍的縫份摺起　1　1
對摺一半
0.2　2.5　車縫　摺雙
開孔洞並且釘釦（凹）　1　1
※以同樣方式再製作一條

2 於前側表布製作拉鍊口袋

拉鍊（正面）
對摺成2半 摺雙　0.2
口袋（正面）
0.4　劃線　16.7
前側表布（正面）

口袋後側
將拉鍊對齊劃線　0.2　縫合
前側表布（正面）

前側表布（正面）
口袋（正面）
疏縫0.5cm

3 於後側表布製作口袋

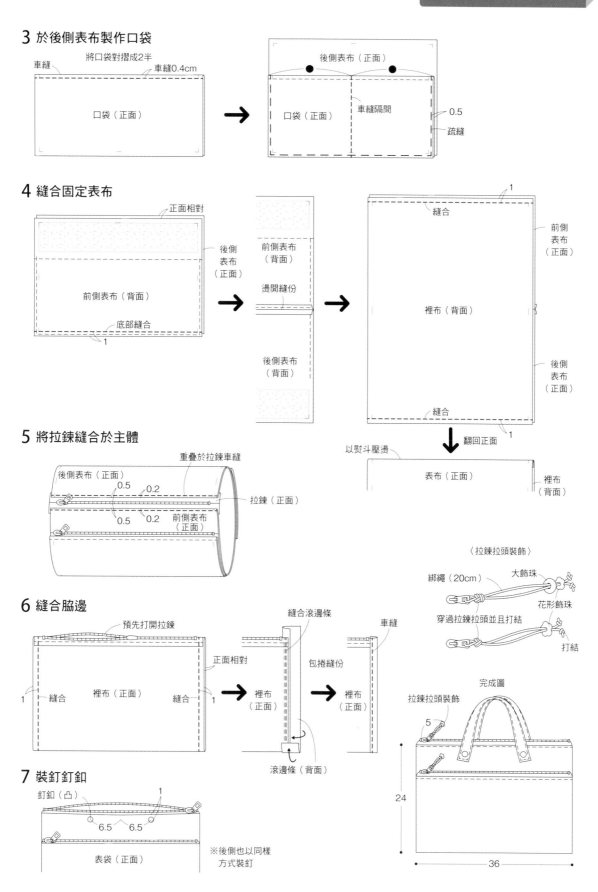

車縫　　將口袋對摺成2半　　車縫0.4cm

口袋（正面）

後側表布（正面）

口袋（正面）　車縫隔間

0.5

疏縫

4 縫合固定表布

正面相對

後側表布（正面）

前側表布（背面）

底部縫合

1

前側表布（背面）

燙開縫份

後側表布（背面）

縫合

1

前側表布（正面）

裡布（背面）

後側表布（正面）

縫合

1

以熨斗壓燙

翻回正面

表布（正面）

裡布（背面）

5 將拉鍊縫合於主體

重疊於拉鍊車縫

後側表布（正面）

0.5　0.2

拉鍊（正面）

0.5　0.2　前側表布（正面）

〈拉鍊拉頭裝飾〉

綁繩（20cm）　大飾珠

花形飾珠

穿過拉鍊拉頭並且打結

打結

6 縫合脇邊

預先打開拉鍊

縫合滾邊條

車縫

正面相對

1　縫合　裡布（正面）　縫合　1

裡布（正面）

包捲縫份

裡布（正面）

滾邊條（背面）

完成圖

拉鍊拉頭裝飾

5

7 裝釘釘釦

釘釦（凸）

1

6.5　6.5

表袋（正面）

※後側也以同樣方式裝釘

24

36

52

可以掛在浴室使用的
懸掛式波奇包

只要打開蓋子，就能掛在浴室的鐵桿上
使用。化妝水也能連瓶子整瓶裝入的尺
寸，可以原封不動立即地帶著去旅行。
整理行李也輕鬆愉快。

How to make P.98
design & make：flico 岡田桂子

由於袋蓋部分有拉鍊口袋，內側也有兩個
口袋，想要仔細分門別類收納也沒問題。
有吊掛式魔鬼氈的帶子，可以掛起來使
用。

52
懸掛式波奇包
< P.96 >

◆ **完成尺寸**
橫20×直17×側身9cm

◆ **原寸紙型**
[52]-1主體前側、2主體後側、
3側身、4袋蓋、5裡袋蓋、6口袋

◆ **材料（1個的用量）**
鋪棉布（花朵圖案）… 110×40cm
棉麻（駝色）… 110×50cm
長20cm. 100cm的FLATKNIT®平織拉鍊 … 各1條
魔鬼氈膠帶 … 2×6cm
橫1cm的緞帶 … 15cm
0.9cm寬的鬆緊帶 … 27cm

裁布圖

※除了指定處之外，其餘縫份請預留0.7cm
※〜〜是必須拷克部分

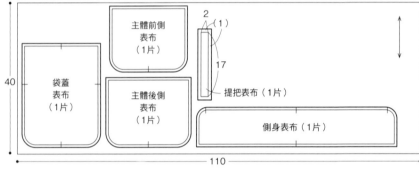

鋪棉布（花朵圖案）

- 袋蓋表布（1片）
- 主體前側表布（1片）
- 主體後側表布（1片）
- 提把表布（1片）
- 側身表布（1片）
- 40
- 2（1）
- 17
- 110

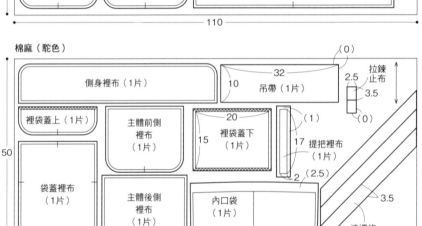

棉麻（駝色）

- 側身裡布（1片）
- 吊帶（1片） 32, 10, (0)
- 拉鍊止布 2.5 / 3.5
- 裡袋蓋上（1片）
- 主體前側裡布（1片）
- 裡袋蓋下（1片） 20, 15
- 提把裡布（1片） 17, (1)
- 袋蓋裡布（1片）
- 主體後側裡布（1片）
- 內口袋（1片）
- 2（2.5）
- 3.5
- 滾邊條 縫合連接85cm
- 50
- 110

縫製順序

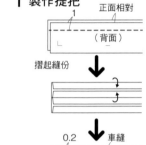

1 製作提把
正面相對
1
（背面）
摺起縫份
0.2 車縫
2

2 製作吊帶
摺
1
0.2 車縫
2.5
剪掉魔鬼氈的邊角
2 / 6
縫合魔鬼氈

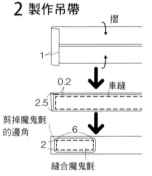
11 摺雙
19

---

4 於袋蓋裡布內製作拉鍊口袋

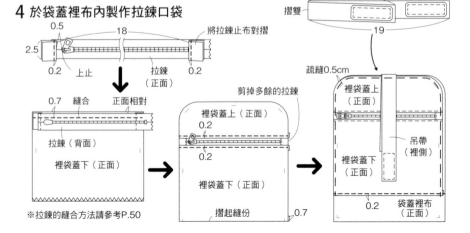

0.5
2.5
0.2
18
將拉鍊止布對摺
上止 / 拉鍊（正面）
0.2

0.7 縫合 / 正面相對
拉鍊（背面）
裡袋蓋下（正面）
※拉鍊的縫合方法請參考P.50

剪掉多餘的拉鍊
裡袋蓋上（正面）
0.2
裡袋蓋下（正面）
0.2
摺起縫份 / 0.7

疏縫0.5cm
裡袋蓋上（正面）
裡袋蓋下（正面）
吊帶（裡側）
0.2
袋蓋裡布（正面）

3 將提把縫合於袋蓋表布

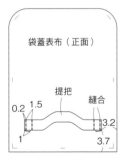

袋蓋表布（正面）
提把
縫合
0.2 / 1.5
1
3.2
3.7

98

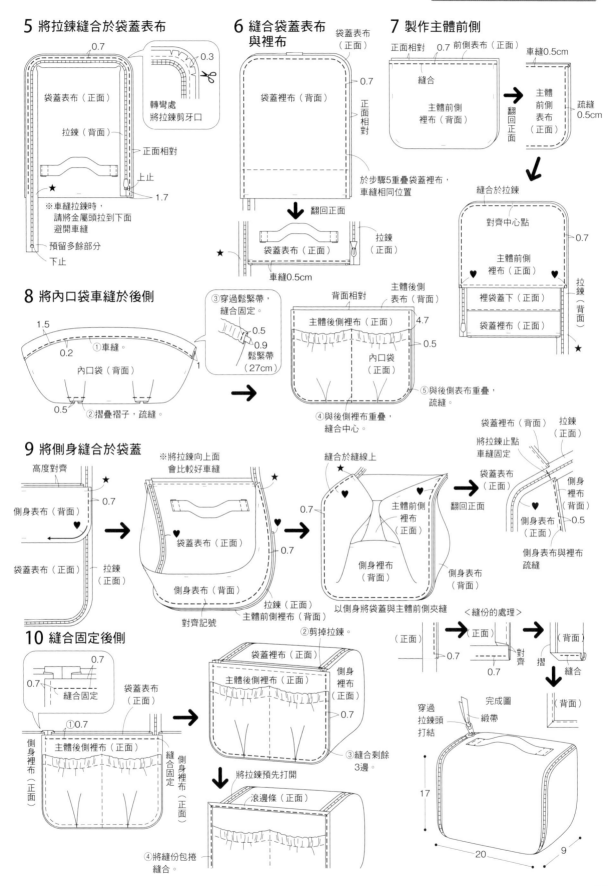

53

54

摺疊成扁平的
零錢包

一張紙型就可以完成，作法非常簡單的零錢包。
為了方便摺疊，在摺疊處作有車縫縫線。

How to make P.102
design & make：dekobo工房 くぼでらようこ

55

防水材質的布料防水性強，平口裁切也OK
斜背式錢包波奇包

由於前面與後面各自設計有口袋，零錢、紙鈔可分別整理擺放。錬條使用問號鉤方便取下，也能當成波奇包使用。

How to make P.103　design & make：flico 岡田桂子
提供素材／メルシー・提供手把／INAZUMA

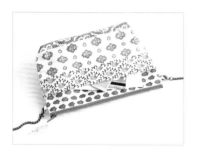

53·54
零錢包
‹P.100›

◆ 完成尺寸

橫8×直8cm（合起來狀態）

◆ 原寸紙型 [53·54]-1主體

⑤3 ◆ 材料

聚酯纖維（Liberty PRINT英式碎花）
… 20×25cm
棉布（駝色）… 20×25cm
厚布襯 … 25×25cm
直徑1.5cm的釘釦 … 1組
蕾絲飾片 … 1片
25號繡線（粉紅色）… 適量

⑤4 ◆ 材料

棉布（英文字圖案）… 20×25cm
棉布（駝色）… 20×25cm
厚布襯 … 25×25cm
直徑1.5cm的釘釦 … 1組

裁布圖

聚酯纖維（Liberty PRINT英式碎花）
棉布（英文字圖案）

※請預留1cm縫份
※ ▢ 是背面貼布襯

棉布（駝色）

25
20

〈54〉
〈53〉

主體表布
（1片）

25
20

返口5cm
〈54〉
〈53〉

主體裡布
（1片）

完成圖〈53〉

蕾絲以6股繡線縫合固定　蕾絲飾片

紙型的邊角車縫圓弧形，作法相同

1 於表布與裡布車出縫線

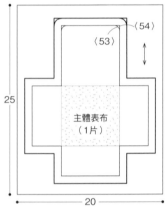

表布（正面）

車縫

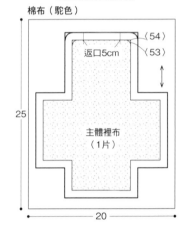

裡布（正面）

車縫

2 組合成箱形後車縫脇邊

縫至記號

表布（正面）

（背面）

1　1　1　1　1

縫至記號

剪牙口
並將縫份燙開

※也以相同方式縫合裡布

3 將表袋與裡袋縫合固定

依照①至③的順序縫合

①②③

1

正面相對
返口5cm

表袋（背面）

裡袋（背面）

避開縫份車縫

翻回正面

4 釘上釦釦

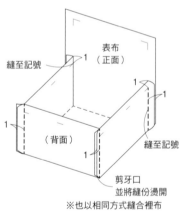

1.3

縫合返口

釘釦（凹）

1.5

釘釦（凸）

完成圖〈54〉

1.5

8
8

55

斜背式錢包

<P.101>

◆ 完成尺寸

橫21×直12.5×側身5cm

◆ 材料

防水布（SOULEIADO印花布）
　… 25×70cm

長20cm的FLATKNIT® 平織拉鍊 … 2條

直徑0.8cm的雙圈鐵環 … 2個

羽毛造型飾片 … 2個

長120cm帶有問號鉤的鍊條（BK-1211）
　… 1條

裁布圖

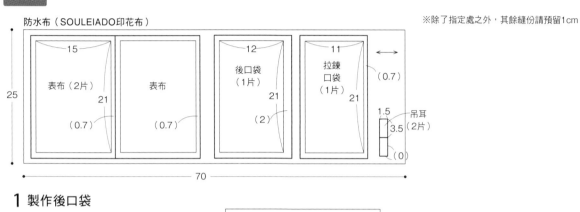

防水布（SOULEIADO印花布）

※除了指定處之外，其餘縫份請預留1cm

1 製作後口袋

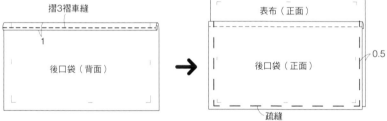

2 製作拉鍊口袋

※製作方法請參考P.86

3 製作吊耳

4 縫合表布

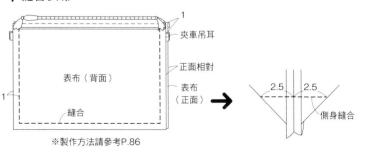

※製作方法請參考P.86

完成圖

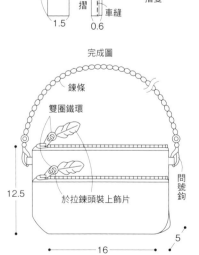

Part 4 以零碼布就能完成的波奇包

製作裁縫總是會留下許多零碼布，
丟掉總覺得浪費……利用多餘的布材，
製作實用的波奇包吧！

56

57

須要的零碼布尺寸

25

2片

15

圓滾滾的形狀討喜可愛
迷你束口波奇包

底部圓滾滾的圓弧造型，非常討人喜歡的迷你
束口波奇包。最適合用於收藏各式各樣的裝飾
品。

How to make P.106
design & make：sewsew 新宮麻里

104

58

剛剛好適合護唇膏的尺寸
迷你拉鍊波奇包

有著側身的小小拉鍊波奇包。用來裝護唇膏或印章小物都非常剛好的尺寸。

How to make P.107
design & make：komihinata 杉野未央子

須要的零碼布尺寸

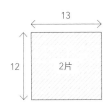

迷你束口波奇包

<P.104>

◆ **材料（1個的用量）**

棉布（印花圖案）… 25×15cm
棉布（駝色）… 25×15cm
直徑0.2cm的綁繩 … 80cm
直徑1cm的裝飾珠 … 2顆

◆ **完成尺寸**

橫10×直12cm

◆ **原寸紙型**

[56・57]-1主體

裁布圖

棉布（印花圖案）/棉布（駝色）

表布・裡布
（各2片）

表布・裡布
返口5cm
（裡布）

15

25

※除了指定處之外，
其餘縫份請預留1cm

1 縫合袋口

正面相對 1
裡布（正面）
縫合
表布（背面）

※同樣的製作2個

2 製作拉鍊口袋

正面相對
②縫合。
裡布（正面）
1
返口5cm
裡布（背面）
2 2
預留 ①燙開縫份。 預留
1.5cm 1.5cm
表布（背面）
表布（正面）

③轉彎處每間隔1cm剪0.7cm的牙口。

※使用細綁繩（比直徑0.2cm還要細的）時，
綁繩穿入口要車小一點

3 縫合返口

裡布（正面）
ㄷ字縫
翻回正面

將裡袋裝入
表袋中

4 製作綁繩穿入口

車縫
裡袋（正面） 0.2
2
1.5
車縫
表袋（正面）

5 穿過綁繩

穿過2條綁繩

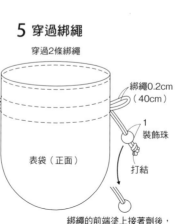

綁繩0.2cm
（40cm）
1
裝飾珠
打結

表袋（正面）

綁繩的前端塗上接著劑後，
再將裝飾珠套入。

完成圖

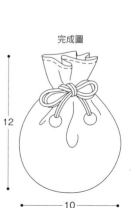

12

10

58

迷你拉鍊波奇包

<P.105>

◆ 完成尺寸

橫9×直4×側身2cm

◆ 材料

棉布（直條紋圖案）… 12.4×11.4cm
亞麻（水藍色）… 12.4×4cm
棉布（點點圖案）… 12.4×11.4cm
布襯 … 12.4×11.4cm
長20cm的FLATKNIT®平織拉鍊 … 1條
橫0.7cm的緞帶 … 6cm
直徑0.6cm的鈕釦 … 2顆

裁布圖

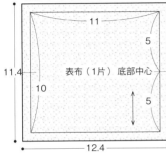

棉布（直條紋圖案）

11
5
11.4
10
5
表布（1片）底部中心
12.4

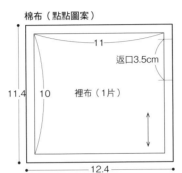

棉布（點點圖案）

11
返口3.5cm
11.4
10
裡布（1片）
12.4

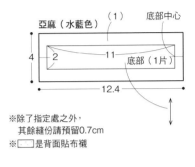

亞麻（水藍色）（1）底部中心

4
2
11
底部（1片）
12.4

※除了指定處之外，
　其餘縫份請預留0.7cm
※▭是背面貼布襯

縫製順序

1 製作底部

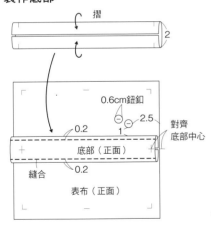

摺
2
0.6cm鈕釦
0.2 2.5
1
對齊底部中心
底部（正面）
縫合 0.2
表布（正面）

2 縫合拉鍊

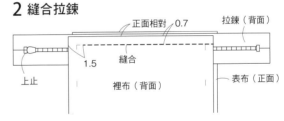

正面相對 0.7
拉鍊（背面）
1.5 縫合
上止
裡布（背面）
表布（正面）

※拉鍊的縫合方法請參考P.9至P.10

3 縫合脇邊

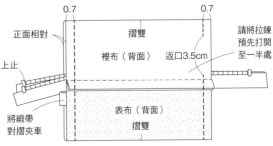

0.7 0.7
正面相對 摺雙
裡布（背面）返口3.5cm
上止
請將拉鍊預先打開至一半處
將緞帶對摺夾車
表布（背面）
摺雙

4 縫合側身

1 1
縫合側身 0.7 剪掉

5 處理縫份

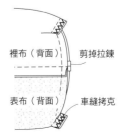

裡布（背面）剪掉拉鍊
表布（背面）車縫拷克

6 翻回正面並且縫合返口

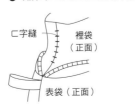

ㄇ字縫 裡袋（正面）
表袋（正面）

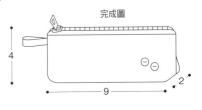

完成圖
4
9
2

30

2片

16

非常受人喜愛的禮物
粽子波奇包

以長方形的布作成三角形的波奇包。在縫製時,準備稍微比較長的拉鍊,就能輕鬆的完成縫製作業。

How to make P.110
design & make:Needlework Tansy 青山惠子
提供素材／Needlework Tansy

59

60

須要的零碼布尺寸

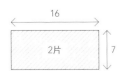

裝零錢與貴金屬飾品也OK
豆豆口金吊飾

無論擁有多少個，都還想要繼續製作的豆子尺寸口金包，任
何零零碎碎的小物，都能夠很可愛地收藏起來。

How to make P.111　design & make：mini-poche 米田亜里
口金／角田商店

59・60
粽子波奇包
<P.108>

◆ 完成尺寸

橫14×直14×深14cm

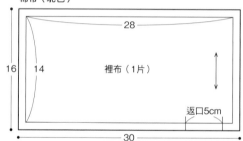

◆ 材料（1個的用量）

棉布（印花圖案）… 30×16cm
棉布（駝色）… 30×16cm
接著鋪棉 … 30×16cm
長20cm的FLATKNIT®平織拉鍊 … 1條
橫1cm的緞帶 … 18cm
飾片 … 1個

裁布圖

※除了指定處之外，其餘縫份請預留1cm
※ ☐ 是背面貼布襯

棉布（印花圖案）

```
        ┌─── 28 ───┐
    16  14   表布（1片）
        └─── 30 ───┘
```

棉布（駝色）

```
        ┌─── 28 ───┐
    16  14   裡布（1片）
                  返口5cm
        └─── 30 ───┘
```

縫製順序

1 將標籤縫合於表布

接著鋪棉
表布（正面）
標籤
車縫
3
3

2 縫合拉鍊

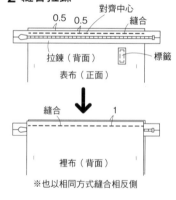

對齊中心
0.5 0.5 縫合
拉鍊（背面）
標籤
表布（正面）

縫合 1
裡布（背面）

※也以相同方式縫合相反側

3 翻回正面縫合拉鍊的邊緣

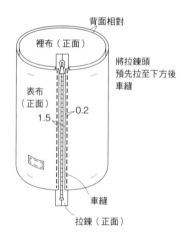

背面相對
裡布（正面）
將拉鍊頭預先拉至下方後車縫
表布（正面）
1.5 0.2
車縫
拉鍊（正面）

4 縫合底部

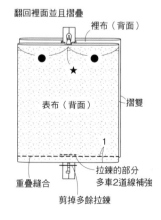

翻回裡面並且摺疊
裡布（背面）
★
表布（背面）
摺雙
1
重疊縫合
剪掉多餘拉鍊
拉鍊的部分多車2道線補強

5 縫合後側

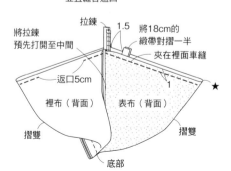

※剪掉多餘的拉鍊後翻回正面並且縫合返口
拉鍊
1.5 將18cm的緞帶對摺一半夾在裡面車縫
將拉鍊預先打開至中間
返口5cm
裡布（背面） 表布（背面） 1
★
摺雙 摺雙
底部

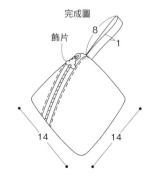

完成圖
飾片
8
1
14 14

61·62·63·64·65
豆豆口金吊飾

<P.109>

◆ 完成尺寸
横5×直4.5cm（不包含口金頭）

◆ 原寸紙型
[61至65]-1主體

◆ 材料（1個的用量）
棉布（印花圖案）… 16×7cm
棉布（素色）… 16×7cm
布襯… 16×14cm
口金金具（3.7×2.4cm／f78／角田商店）
　　… 1個
紙繩… 適量
附有問號鉤的吊飾… 1個

裁布圖

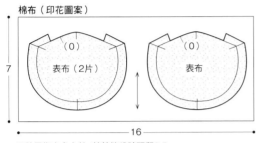
棉布（印花圖案）
（0）
表布（2片）
（0）
表布
7
16
※除了指定處之外，其餘縫份請預留0.5cm
※▭ 是背面貼布襯後裁剪

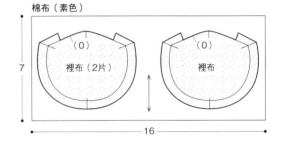
棉布（素色）
（0）
裡布（2片）
（0）
裡布
7
16

1 製作表袋與裡袋

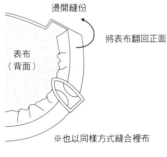
正面相對　表布（正面）
表布（背面）
縫止點　　縫止點
對齊記號
0.5
縫合
燙開縫份
表布（背面）
將表布翻回正面
※也以同樣方式縫合裡布

2 裡袋與表袋對齊縫合

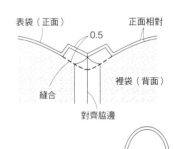
表袋（正面）　　正面相對
0.5
縫合
裡袋（背面）
對齊脇邊

3 翻回正面並且縫合返口

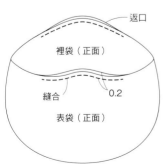
返口
裡袋（正面）
縫合　　0.2
表袋（正面）

4 裝上口金

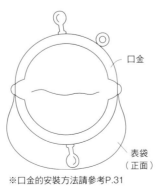
口金
表袋
（正面）
※口金的安裝方法請參考P.31

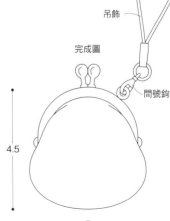
吊飾
完成圖
問號鉤
4.5
5

111

國家圖書館出版品預行編目資料

國家圖書館出版品預行編目(CIP)資料

設計&時尚同行!手作65個超實用百搭波奇包：一次收
錄基本形、多用途、口金支架、束口袋、簡易拉鍊款製
作大公開!/日本VOGUE社授權；駱美湘譯. -- 二版.
-- 新北市：雅書堂文化事業有限公司, 2023.09
　　面；　公分. -- (製包本事；4)
ISBN 978-986-302-683-9(平裝)
1.CST: 手提袋 2.CST: 手工藝
426.7　　　　　　　　　　　　　　　112013168

製包本事 04

設計&時尚同行！
手作65個超實用百搭波奇包（暢銷版）

一次收錄基本形、多用途、口金支架、束口袋、簡易拉鍊款製作大公開

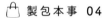

授　　　權／日本VOGUE社
譯　　　者／駱美湘
發 行 人／詹慶和
執行編輯／黃璟安
編　　　輯／劉蕙寧・陳姿伶・詹凱雲
執行美編／陳麗娜
美術編輯／韓欣恬・周盈汝
內頁排版／造極彩色印刷
出 版 者／雅書堂文化事業有限公司
發 行 者／雅書堂文化事業有限公司
郵政劃撥帳號／18225950
戶　　　名／雅書堂文化事業有限公司
地　　　址／新北市板橋區板新路206號3樓
電　　　話／（02）8952-4078
傳　　　真／（02）8952-4084
網　　　址／www.elegantbooks.com.tw
電子郵件／elegant.books@msa.hinet.net

2023年9月二版一刷　定價480元

SUGUREMONO NO POUCH (NV70416)
Copyright © NIHON VOGUE-SHA 2017
All rights reserved.
Photographer:Yukari Shirai,Yuki Morimura,Miki Tanabe
Original Japanese edition published in Japan by NIHON VOGUE Corp., Ltd.
Traditional Chinese translation rights arranged with NIHON VOGUE Corp., Ltd.
through Keio Cultural Enterprise Co., Ltd.
Traditional Chinese edition copyright © 2023 by Elegant Books Cultural
Enterprise Co., Ltd.

經銷／易可數位行銷股份有限公司
地址／新北市新店區寶橋路235巷6弄3號5樓
電話／(02)8911-0825
傳真／(02)8911-0801

Design & Make

・dekobo工房 くぼでらようこ
　http://www.dekobo.com

・flico 岡田桂子
　http://flico-clothing.jp/

・komihinata 杉野未央子
　http://komihinata.web.fc2.com/

・minipoche 米田亜里
　http://minipoche.cocolog-nifty.com/

・Needlework Tansy 青山恵子
　http://www.needlework-tansy.com/

・sewsew 新宮麻里
　http://blog.goo.ne.jp/sewsew1

・yu*yu おおのゆうこ
　http://blog.goo.ne.jp/yu-yu-rainbow

Staff

攝影／白井由香里（插圖彩頁）、森村友紀、田邊美樹（作法）
美術指導／大薮胤美（作法）
書籍設計／福田禮花（作法）
造型設計／西森萌
作法解說／鈴木さかえ
製圖／WEAD Co.,Ltd 手藝製作部
紙型製圖／加山明子
編輯協助／森田佳子
編集／加藤みゆ紀

用具、生地協力

・INAZUMA（植村）
　http://www.inazuma.biz/

・オカダヤ新宿本店
　http://www.okadaya-shop.jp/1/

・クロバー
　http://www.clover.co.jp/

・角田商店
　http://shop.towanny.com/

・Needlework Tansy

・ホームクラフト
　http://homecraft.co.jp/

・松尾捺染
　http://www.rakuten.co.jp/nassen/

・メルシー
　http://www.merci-fabric.co.jp/